U0309682

趣味算法：
用C++实现

◎ 喻蓉蓉 刘弘洋 编著

清華大學出版社
北京

内容简介

本书是一本编程算法书，旨在帮助编程学习者打开算法学习之门。全书共8章，主要包括前缀和与差分、高精度算法、排序算法、贪心算法、二分算法、搜索算法、动态规划和图与搜索等内容。本书根据编程学习者的学习规律——先掌握一门编程语言基础（以C++语言基础为例），再逐步学习算法的学习方式，合理取舍、精心挑选出上百道经典算法题目，并配有详细的算法解析和实践园答案。让学习者不仅能深入地理解每一种算法的基本思想，还能学会灵活地应用这些算法去解决相应的实际问题。

本书免费提供教学课件、源代码，适合有一定C++语言基础的中、高年级小学生、中学生，以及初学算法的自学者和算法爱好者，也适合参加信息学奥林匹克竞赛的学生作为算法教材使用，还可作为中小学一线信息科技教师学习算法的教材。

本书封面贴有清华大学出版社防伪标签，无标签者不得销售。
版权所有，侵权必究。举报：010-62782989，beiqinquan@tup.tsinghua.edu.cn。

图书在版编目(CIP)数据

趣味算法：用C++实现/喻蓉蓉，刘弘洋编著．—北京：清华大学出版社，2024.1
ISBN 978-7-302-65202-1

Ⅰ．①趣…　Ⅱ．①喻…　②刘…　Ⅲ．①C语言－程序设计－教材　Ⅳ．①TP312.8

中国国家版本馆CIP数据核字(2024)第020452号

责任编辑：王剑乔
封面设计：刘　键
责任校对：刘　静
责任印制：曹婉颖

出版发行：清华大学出版社
　　网　　址：https://www.tup.com.cn，https://www.wqxuetang.com
　　地　　址：北京清华大学学研大厦A座　　**邮　　编**：100084
　　社 总 机：010-83470000　　**邮　　购**：010-62786544
　　投稿与读者服务：010-62776969，c-service@tup.tsinghua.edu.cn
　　质量反馈：010-62772015，zhiliang@tup.tsinghua.edu.cn
印 装 者：大厂回族自治县彩虹印刷有限公司
经　　销：全国新华书店
开　　本：185mm×260mm　　**印　　张**：15　　**字　　数**：358千字
版　　次：2024年1月第1版　　**印　　次**：2024年1月第1次印刷
定　　价：56.00元

产品编号：099020-01

前 言

PREFACE

一、本书的内容结构

本书是一本以 C++编程语言实现的趣味算法书，共分为 8 章，主要包括前缀和与差分、高精度算法、排序算法、贪心算法、二分算法、搜索算法、动态规划和图与搜索等内容。本书为零算法基础但有一定 C++语言基础的学习者精心挑选了上百道经典算法题目，这些算法大部分来自两个在线测评网站，分别是洛谷和北京大学 OJ 平台，严格与网址题号对应，不仅便于学习者在线检测学习效果，而且可以提升学习者学习算法的效率。

二、本书适用的人群

本书适合零算法基础但有一定 C++语言基础的学习者、初学算法的自学者和算法爱好者以及一线信息技术教师作为算法教材使用。

由于时间仓促和编著者水平有限，书中难免有不足之处，敬请各位读者指正，本人将不胜感激。

三、致谢

感谢南京外国语学校仙林分校 2017 级 C++社团兴趣班的肖泽成、徐源原、周传犀、崔真言、郭峻城、黄悦涵、陈明煊等同学，2018 级的贾子辰、朱明轩、廖翰林、杨敏淏同学以及 2019 级的卢翰佑、王津博、王昊宸同学，感谢你们和我一起多次校对书稿，你们在核对过程中的严谨态度让我感动。再次感谢你们为本书的付出！

喻蓉蓉

2023 年 10 月

本书配套资源

目　录

CONTENTS

Chapter 1

第1章

前缀和与差分

信息科技课程目标要围绕核心素养，核心素养是课程育人价值的集中体现。《义务教育信息科技课程标准（2022 年版）》中明确指出，算法是计算思维这一核心素养的核心要素之一，要培养学生初步运用算法思维的习惯，并通过实践形成设计与分析算法的能力。

为了更好地学习和理解本书后续章节的算法思想，第 1 章将介绍一些常见且必要的算法相关基础知识，主要包括算法的评价、一维前缀和、一维差分、二维前缀和、二维差分和算法实践园。

第 1 课　算法的评价

导学牌

(1) 学会估算算法的时间复杂度。

(2) 了解算法的运行时间。

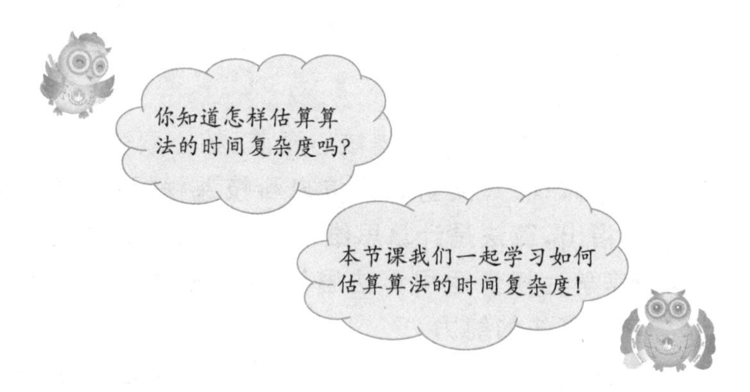

学习坊

1. 算法的时间复杂度

在设计问题求解的算法时,我们不可能将每一个能想到的算法一一实现后,再去判断其效率高低。因此,学会估算一个算法的时间复杂度是至关重要的。

在估算算法的时间复杂度(简称复杂度)时,我们通常用大写字母 O 和小写字母 n 来表示,其中 n 代表问题的规模。常见的时间复杂度如表 1.1 所示。

表 1.1

时间复杂度	示　例	描　述
$O(1)$	1234	常数复杂度
$O(\log n)$	$4\log_2 n+3$	对数复杂度
$O(n)$	$2n+5$	线性复杂度
$O(n\log n)$	$4n\log_2 n+2n+5$	$n\log n$ 复杂度
$O(n^2)$	$n^2+4n\log_2 n+2n+5$	平方复杂度
$O(n^3)$	n^3+n^2+5	立方复杂度
$O(2^n)$	2^n+7	指数复杂度
$O(n!)$	$n!+2^n+9$	阶乘复杂度

注意：

(1) 时间复杂度的估算一般不考虑系数，如 $2n$ 和 $n/3+2$ 的时间复杂度均记为 $O(n)$。

(2) 在估算时间复杂度时，只考虑增长速度最快的一项，如 $n!+2^n+9$ 的时间复杂度记为 $O(n!)$。

表 1.1 所示的时间复杂度所消耗的时间从小到大排序为

$$O(1)<O(\log n)<O(n)<O(n\log n)<O(n^2)<O(n^3)<O(2^n)<O(n!)(n\geqslant 10)$$

2. 算法的运行时间

估算出算法的时间复杂度后，我们仅需要将问题规模 n 的最大值代入复杂度的渐进式中，判断其是否能够满足要求的时间限制。如估算时间复杂度为 $O(n^2)$ 的算法，假设问题描述中的 $n\leqslant 1000$，将 $n=1000$ 代入 n^2 得到了 1000000(10^6)。一般假设时间限制为 1 秒，那么 10^6 是很容易通过 1 秒的时间限制的(通常情况下，时间复杂度在 2×10^8 内可以顺利通过 1 秒的时间限制)。

【例 1.1】 抽签问题。你的朋友提议玩一个游戏：将写有数字的 n 个纸片放入口袋中，你可以从口袋中抽取 4 次纸片，每次记下纸片上的数字后都将其放回口袋中。如果这 4 个数字的和是 m，就是你赢；否则，就是你的朋友赢。你挑战了好几回，结果一次都没有赢过。于是你怒而撕破口袋，取出所有纸片，检查自己是否真的有赢的可能性。请你编写一个程序，判断当纸片上所写的数字是 $k_1,k_2,\cdots,k_n$ 时，是否存在抽取 4 次和为 m 的方案。如果存在，输出 Yes；否则，输出 No。

输入：输入共两行，第一行，分别为 n 和 m，其中 $1\leqslant n\leqslant 10^3$，$1\leqslant m\leqslant 10^8$。第二行，分别为 $k_1,k_2,\cdots,k_n$，其中 $1\leqslant k_i\leqslant 10^6$。

输出：一行，输出 Yes 或者 No。

注：题目出自图灵程序设计丛书《挑战程序设计竞赛(第 2 版)》。

样例输入 1：

```
3 10
1 3 5
```

样例输出 1：

```
Yes//{4 次抽取的结果是 1,1,3,5,和就是 10}
```

样例输入 2：

```
3 9
1 3 5
```

样例输出 2：

```
No//{不存在和为 9 的抽取方案}
```

【算法 1】

根据题意，很容易想到使用四重循环依次枚举抽取 4 次的数字，再去判断这 4 个数字的和是否为 m。如果是，输出 Yes；否则，输出 No。

算法 1 的时间复杂度为 $O(n^4)$。将 $n=1000$ 代入 n^4 得到 10^{12}。那么，如图 1.1 所示，在 $n=1000$ 时，算法 1 的运行时间将达到近 1 小时。显然，此时算法 1 的效率是极其低下的。

算法 1 参考程序：

根据以上算法 1 的解析，可以编写程序如图 1.1 所示。

【算法 2】

我们可以尝试对算法 1 进行优化。

```
00 #include<bits/stdc++.h>
01 using namespace std;
02 const int N=1005;
03 int n,m,a[N];
04 int main(){
05     cin>>n>>m;
06     for(int i=0;i<n;i++) cin>>a[i];
07     bool f=false;  //标记是否为答案
08     for(int i=0;i<n;i++)
09       for(int j=0;j<n;j++)
10         for(int k=0;k<n;k++)
11           for(int l=0;l<n;l++)
12             if(a[i]+a[j]+a[k]+a[l]==m) f=true;
13     if(f) cout<<"Yes"<<endl;
14     else cout<<"No"<<endl;
15     return 0;
16 }
```

图 1.1

如图 1.1 的第 12 行，判断等式“a[i]+a[j]+a[k]+a[l]==m”是否成立，可以转换成另一种形式：查找是否存在 a[l]，使得“a[l]==m−a[i]−a[j]−a[k]”成立。在《小学生C++编程入门》一书的第 72 课中，我们学习了二分查找算法。这里可以使用二分查找算法来优化算法 1。

算法 2 是假设要查找的值“m−a[i]−a[j]−a[k]”为 x。首先，将待查数组 a 排好序，然后使用二分查找查找值 x 是否在 a 中。如果在，则输出 Yes；否则，输出 No。

算法 2 的时间复杂度为 $O(n^3\log n)$。将 $n=1000$ 代入 $n^3\log n$ 得到 3×10^9。那么，假设时间限制为 1 秒，如图 1.2 所示，在 $n=1000$ 时，算法 2 的运行时间依然无法满足 1 秒的时间限制。

```
00 #include<bits/stdc++.h>
01 using namespace std;
02 const int N=1005;
03 int n,m,a[N];
04 bool C(int x){
05     int l=0,r=n;
06     while(r-l>=1){  //二分查找x是否在a中
07         int mid=(l+r)/2;
08         if(a[mid]==x) return true;  //查找到x
09         else if(a[mid]<x) l=mid+1;
10         else r=mid;
11     }
12     return false; //未查找到x
13 }
14 int main(){
15     cin>>n>>m;
16     for(int i=0;i<n;i++) cin>>a[i];
17     sort(a,a+n);
18     bool f=false;
19     for(int i=0;i<n;i++)
20       for(int j=0;j<n;j++)
21         for(int k=0;k<n;k++)
22           if(C(m-a[i]-a[j]-a[k])) f=true;
23     if(f) cout<<"Yes"<<endl;
24     else cout<<"No"<<endl;
25     return 0;
26 }
```

图 1.2

算法 2 参考程序：

根据以上算法 2 的解析，可以编写程序如图 1.2 所示。

【算法 3】

下面继续对算法 2 进行优化。

在算法 2 中，我们仅考虑了最内层的循环。其实，算法 3 同刚才的思路一样，我们可以通过考虑内侧的两重循环，查找是否存在“a[k]”和“a[l]”，使得“a[k]+a[l]==m−a[i]−a[j]”成立。当然，此时，我们并不能直接使用二分查找算法，而是应该先将“a[k]+a[l]”所得的 n^2 个值排好序(假设存放在数组 sum 中)，然后便可以使用二分算法查找值是否存在 sum 中。

算法 3 的时间复杂度为 $O(n^2\log n)$。显然，经过算法 2 和算法 3 的两次优化，当 $n=1000$ 时，便可以顺利通过 1 秒的时间限制了。

算法 3 参考程序：

根据以上算法 3 的解析，可以编写程序如图 1.3 所示。

```
00 #include<bits/stdc++.h>
01 using namespace std;
02 const int N=1005;
03 int n,m,tot,a[N];
04 int sum[N*N];       //用于存放两数之和
05 bool C(int x){      //二分查找x是否在sum中
06     int l=0,r=tot; //当前区间为[l,tot)
07     while(r-l>=1){
08         int mid=(l+r)/2;
09         if(sum[mid]==x) return true;
10         if(sum[mid]<x) l=mid+1;
11         else r=mid;
12     }
13     return false;
14 }
15 int main(){
16     cin>>n>>m;
17     for(int i=0;i<n;i++) cin>>a[i];
18     tot=0;//将每两数之和存放在sum中，tot记录当前位置
19     for(int k=0;k<n;k++)
20       for(int l=0;l<n;l++)
21         sum[tot++]=a[k]+a[l];
22     sort(sum,sum+tot);
23     bool f=false;
24     for(int i=0;i<n;i++)
25       for(int j=0;j<n;j++)
26       if(C(m-a[i]-a[j])) f=true;
27     if(f) cout<<"Yes"<<endl;
28     else cout<<"No"<<endl;
29     return 0;
30 }
```

图 1.3

【算法 4】

空间非常有用。根据题目要求可知，数字大小的限制为 $a_i \leqslant 10^6$，因此，其实可以使用更加简洁的方法，即判断“m−a[i]−a[j]”是否出现过，由于“a[k]+a[l]”的值至多为 $10^6+10^6=2\times10^6$。如果“m−a[i]−a[j]”超出了 2×10^6 这个范围，就不予考虑；否则，可以开一个大小为 2×10^6 的布尔数组用于存放所有“a[k]+a[l]”出现过的值。

算法 4 的时间复杂度为 $O(n^2)$。

注意：算法 4 相当于用空间换时间，使用该算法对空间是有一定要求的。由于本题中的数字大小的限制为 $a_i \leqslant 10^6$，所以可以使用此算法。但如果将数字大小限制更改为 $a_i \leqslant 10^9$，那么此算法是不可行的。

算法 4 参考程序：

根据以上算法 4 的解析，可以编写程序如图 1.4 所示。

```
00 #include<bits/stdc++.h>
01 using namespace std;
02 const int N=1005,M=2e6+5;
03 int a[N],n,m,tot;
04 bool flag[M];  //用于标记两数之和是否出现过
05 bool C(int x){
06     if(x>2e6||x<0) return false;
07     return flag[x];
08 }
09 int main(){
10     cin>>n>>m;
11     for(int i=0;i<n;i++) cin>>a[i];
12     for(int k=0;k<n;k++)
13       for(int l=0;l<n;l++)
14         flag[a[k]+a[l]]=true;  //将两数之和标记为真
15     bool f=false;
16     for(int i=0;i<n;i++)
17       for(int j=0;j<n;j++)
18       if(C(m-a[i]-a[j])) f=true;
19     if(f) cout<<"Yes"<<endl;
20     else cout<<"No"<<endl;
21     return 0;
22 }
```

图 1.4

从解决例 1.1 抽签问题的四个算法中可以看出，时间复杂度的降级顺序（从高到低）为 $O(n^4) \to O(n^3 \log n) \to O(n^2 \log n) \to O(n^2)$，像这样从复杂度较高的算法出发，不断降低复杂度，以此来满足题目的限制要求，是我们在设计算法时经常需要经历的过程。学习算法的目的就在于保证算法正确的前提下，尽可能设计出高效的算法。

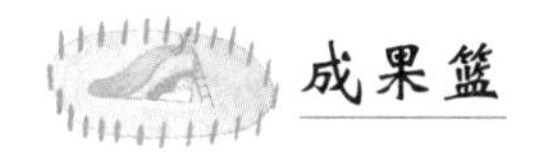

成果篮

本节课你有什么收获？

第2课　一维前缀和

导学牌

(1) 掌握前缀和的定义和作用。

(2) 学会使用前缀和解决区间和问题。

学习坊

【例 2.1】　区间和问题 1。给定 n 个数 $a_1,a_2,\cdots,a_n$,计算前 $i(1\leqslant i\leqslant n)$ 个数的和 $s_i=a_1+a_2+\cdots+a_i$ 并输出。

输入:输入共两行,第一行,输入 n,$1\leqslant n\leqslant 10^5$。第二行,输入 n 个数 $a_1,a_2,\cdots,a_n$,其中 $1\leqslant a_i\leqslant 10^9$。

输出:一行,分别输出前 i 个数的和 s_i。

样例输入:

```
5
1 2 3 4 5
```

样例输出:

```
1 3 6 10 15
```

【算法 1】

根据题意,很容易想到对给定区间内的每个 $i(1\leqslant i\leqslant n)$ 求一次和,即 $s_i=a_1+a_2+\cdots+a_i$,然后输出即可。

算法 1 程序:

根据以上算法 1 的解析,可以编写程序如图 2.1 所示。

我们可以很容易估算出,以上算法 1 的时间复杂度 $O(n^2)$,在 $n=10^5$ 时,运行时间将会很长。因此,下面我们将介绍前缀和算法优化计算区间和问题。

```
00 #include<bits/stdc++.h>
01 using namespace std;
02 const int N=1e5+5;
03 int a[N],n;
04 long long s[N];
05 int main(){
06     cin>>n;
07     for(int i=1;i<=n;i++) cin>>a[i];
08     for(int i=1;i<=n;i++)
09       for(int j=1;j<=i;j++) s[i]+=a[j];
10     for(int i=1;i<=n;i++) cout<<s[i]<<" ";
11     return 0;
12 }
```

图 2.1

前缀和：对于一个给定的数组 $a(a[1],a[2],\cdots,a[n])$，前缀和 $s[i]$ 表示数组 a 的前 i 项的和，即 $s[i]=a[1]+a[2]+\cdots+a[i]=(a[1]+a[2]+\cdots+a[i-1])+a[i]=s[i-1]+a[i]$。

前缀和的作用就是能够快速地计算出某一段区间内元素的和。给定一个数组，它的前缀和数组是唯一确定的。

【算法 2】

由于前缀和 $s[i]=s[i-1]+a[i]$，按照从左到右的顺序在 $O(1)$ 的时间计算每个 $s[i]$，因此，计算 $s[1],s[2],\cdots,s[n]$ 仅需 $O(n)$ 的时间。

注意：前缀和要求数组的下标从 1 开始，这样便于处理边界，即 $s[0]=0$。

算法 2 程序：

根据以上算法 2 的解析，可以编写程序如图 2.2 所示。

```
00 #include<bits/stdc++.h>
01 using namespace std;
02 const int N=1e5+5;
03 int a[N],n;
04 long long s[N];
05 int main(){
06     cin>>n;
07     for(int i=1;i<=n;i++) cin>>a[i];
08     for(int i=1;i<=n;i++) s[i]=s[i-1]+a[i];
09     for(int i=1;i<=n;i++) cout<<s[i]<<" ";
10     return 0;
11 }
```

图 2.2

运行结果：

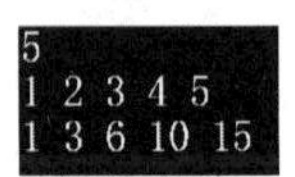

【例 2.2】 区间和问题 2。给定 n 个数 $a_1,a_2,\cdots,a_n$ 以及 q 次询问，每次询问给定一对 l 和 r。要求计算和 $a_l+a_{l+1}+\cdots+a_r$ $\left(\text{求和表达式可以用求和记号}\sum_{i=l}^{r}a_i\text{ 表示}\right)$。

输入：第一行，输入 n，$1 \leqslant n \leqslant 10^5$。第二行，输入 n 个数 a_1、a_2，…，a_n，其中 $1 \leqslant a_i \leqslant 10^9$。第三行，输入 q 次询问，$1 \leqslant q \leqslant 10^5$。接下来的 q 行，每行包含两个整数 l 和 r，$1 \leqslant l \leqslant r \leqslant n$，表示每个询问的区间范围。

输出：共 q 行，分别输出和 $a_l + a_{l+1} + \cdots + a_r \left(即 \sum_{i=l}^{r} a_i \right)$。

样例输入：

```
5
2 4 7 8 5
3
1 4
2 3
3 5
```

样例输出：

```
21
11
20
```

算法解析：

根据题意，如果对于所有给定的$[l, r]$依次遍历数组 a 中从 l 位置到 r 位置的元素求和，那么每次询问，最坏情况下需要遍历 n 个元素，总共的时间复杂度为 $O(nq)$，在 $n, q = 10^5$ 的情况是不能达到 1 秒的时间限制的。

因此，我们可以使用刚才学到的前缀和算法解决该问题。

根据前缀和算法可知：

$$s_r = a_1 + a_2 + \cdots + a_{l-1} + a_l + \cdots + a_r$$

$$s_{l-1} = a_1 + a_2 + \cdots + a_{l-1}$$

很容易发现，将以上两式相减就是 $a_l + a_{l+1} + \cdots + a_r$ 的和，即 $\sum_{i=l}^{r} a_i = s_r - s_{l-1}$。

编写程序：

根据以上算法解析，可以编写程序如图 2.3 所示。

```
00 #include<bits/stdc++.h>
01 using namespace std;
02 const int N=1e5+5;
03 int a[N],n,q;
04 long long s[N];
05 int main(){
06     cin>>n;
07     for(int i=1;i<=n;i++) cin>>a[i];
08     for(int i=1;i<=n;i++)
09       s[i]=s[i-1]+a[i];  //计算前缀和数组
10     cin>>q;
11     for(int i=1;i<=q;i++){
12         int l,r;
13         cin>>l>>r;
14         cout<<s[r]-s[l-1]<<endl;
15     }
16     return 0;
17 }
```

图 2.3

运行结果：

```
5
2 4 7 8 5
3
1 4
21
2 3
11
3 5
20
```

综上所学，可总结如下。

对于一个给定的一维数组 $a(a[1],a[2],\cdots,a[n])$，可以递推出的信息如下：

(1) 前缀和 $s[i]=s[i-1]+a[i]$（下标 i 从 1 开始）；

(2) 部分和 $[l,r]$，其中 $(1\leqslant l\leqslant r\leqslant n)$，可表示为前缀和相减的形式：$\text{sum}(l,r)=\sum_{i=l}^{r}a_i=s_r-s_{l-1}$。

成果篮

本节课你有什么收获？

第3课　一维差分

导学牌

(1) 掌握差分的定义和作用。

(2) 学会使用差分解决区间加/减问题。

学习坊

差分：对于一个给定的数组 $s(s[1],s[2],\cdots,s[n])$，它的差分数组 $a(a[1],a[2],\cdots,a[n])$定义为

$$a[i]=s[i]-s[i-1](1\leqslant i\leqslant n)$$

“前缀和”与“差分”是一对互逆运算。即数组 s 是 a 的前缀和数组，数组 a 是 s 的差分数组。

差分数组一般用于数组内区间元素的加/减问题。给定一个数组，它的差分数组也是唯一确定的。

【例 3.1】　一维差分。给定 n 个数的前缀和数组 $s_1,s_2,\cdots,s_n$，其中对于所有 i，满足 $s_i=a_1+a_2+\cdots+a_i$，要求还原输出数组 $a_1,a_2,\cdots,a_n$(即求出一维数组 s 的差分数组 a)。

输入：输入共两行，第一行，输入 n，$1\leqslant n\leqslant 10^5$。第二行，输入 n 个数 $s_1,s_2,\cdots,s_n$，其中 $1\leqslant s_i\leqslant 10^{12}$。

输出：一行，输出原数组 $a_1,a_2,\cdots,a_n$。

样例输入：

```
5
1 3 6 10 15
```

样例输出：

```
1 2 3 4 5
```

算法解析：

根据题意，由于原数组 a 其实就是前缀和数组 s 的差分数组，因此有 $a[i]=s[i]-s[i-1](1\leqslant i\leqslant n)$，依次遍历前缀和数组 s 求出差分数组 a 即可。

编写程序：

根据以上算法解析，可以编写程序如图 3.1 所示。

```
00 #include<bits/stdc++.h>
01 using namespace std;
02 const int N=1e5+5;
03 int n;
04 long long a[N],s[N];
05 int main(){
06     cin>>n;
07     for(int i=1;i<=n;i++) cin>>s[i];
08     for(int i=1;i<=n;i++) a[i]=s[i]-s[i-1];
09     for(int i=1;i<=n;i++) cout<<a[i]<<" ";
10     cout<<endl;
11     return 0;
12 }
```

图 3.1

运行结果：

```
5
1 3 6 10 15
1 2 3 4 5
```

【例 3.2】 区间加/减问题。给定 n 个数 $s_1,s_2,\cdots,s_n$ 以及 q 次询问，每次询问给定一对 l 和 r 以及一个整数 x。要求将 $s_l,s_{l+1},\cdots,s_r$ 全部加上 x，然后输出 q 次询问后的数组 s。

输入：第一行，输入 n，$1\leqslant n\leqslant 10^5$。第二行，输入 n 个数 $s_1,s_2,\cdots,s_n$，其中 $1\leqslant s_i\leqslant 10^9$。第三行，输入 q 次询问，$1\leqslant q\leqslant 10^5$。接下来的 q 行，每行包含三个整数 l 和 r 以及 x，$1\leqslant l\leqslant r\leqslant n$，$-10^9\leqslant x\leqslant 10^9$。$[l,r]$表示每个询问的区间范围，$x$ 表示 $s_l,s_{l+1},\cdots,s_r$ 需要加上的整数，$-10^9\leqslant x\leqslant 10^9$。

输出：一行，输出 q 次询问后的数组 s。

样例输入：

```
5
2 4 7 8 5
3
1 4 3//(加上 3 后的数组更新为 5 7 10 11 5)
2 3 -5//(减去 5 后的数组更新为 5 2 5 11 5)
3 5 7//(加上 7 后的数组更新为 5 2 12 18 12)
```

样例输出：

```
5 2 12 18 12
```

算法解析：

根据题意，如果对于所有给定的$[l,r]$依次遍历数组 a 中给 l 位置到 r 位置的元素加上 x，那么每次询问，最坏情况下需要遍历 n 个元素，总共的时间复杂度为 $O(nq)$，在 $n,q=10^5$ 的情况下，是不能达到 1 秒的时间限制的。

思考：如果给一个数组 s 的一段区间$[l,r]$上的元素全都加上同一个数 x，那么，它的差分数组 a 会怎样改变呢？

根据差分数组的定义有 $a[i]=s[i]-s[i-1]$，我们很容易发现在$[l,r]$上加(或减)同一个数 x，只有 $a[l]$和 $a[r+1]$会发生改变，并且按照 $a[l]+=x$，$a[r+1]-=x$ 的方式改变。

原数组 s 和原差分数组 a 如图 3.2(a)所示。

在原数组 s 的区间[1,4]上给每个元素加上 3，改变如图 3.2(b)所示。

由上述分析可知：给差分数组 $a[i]$加上 x 相当于给原数组 $s_i,s_{i+1},\cdots,s_n$ 全都加上 x。即当 $a[l]$加上 x，表示给原数组 $s_l,\cdots,s_r,s_{r+1},\cdots,s_n$ 全都加上 x，而要求的是给区间$[l,r]$加上 x，这就意味着多给 $a[r+1],\cdots,a[n]$加上了 x，为了消除多加的部分，仅需要给

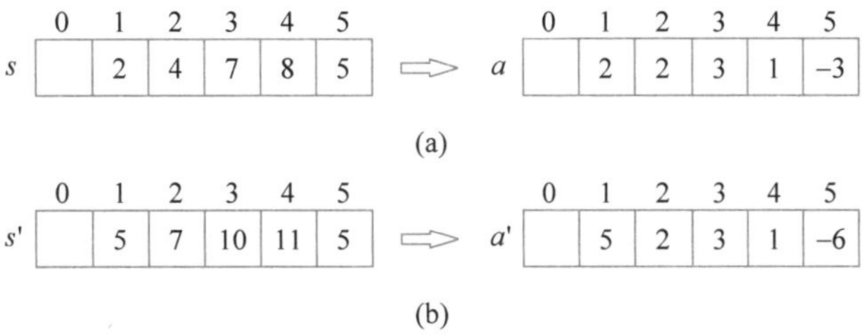

	0	1	2	3	4	5			0	1	2	3	4	5
s		2	4	7	8	5	⇨	a		2	2	3	1	−3

(a)

	0	1	2	3	4	5			0	1	2	3	4	5
s'		5	7	10	11	5	⇨	a'		5	2	3	1	−6

(b)

图 3.2

$a[r+1]$减去 x 就能实现给 $s_r, s_{r+1}, \cdots, s_n$ 全都减去 x。

因此，对于该区间加/减问题：

(1) 计算出数组 s 的差分数组 a；

(2) 对于每次询问，仅需要在差分数组 a 上进行 $O(1)$的修改；

(3) 对更新后的差分数组做前缀和，还原更新后的原数组即可；

(4) 该算法的时间复杂度为 $O(n+q)$。

编写程序：

根据以上算法解析，可以编写程序如图 3.3 所示。

```
00 #include<bits/stdc++.h>
01 using namespace std;
02 const int N=1e5+5;
03 int n,q;
04 long long s[N],a[N];
05 int main(){
06     cin>>n;
07     for(int i=1;i<=n;i++) cin>>s[i];
08     for(int i=1;i<=n;i++)
09       a[i]=s[i]-s[i-1];  //计算s的差分数组
10     cin>>q;
11     for(int i=1;i<=q;i++){
12         int l,r,x;
13         cin>>l>>r>>x;
14         a[l]+=x;
15         a[r+1]-=x;
16     }
17     for(int i=1;i<=n;i++)
18       s[i]=s[i-1]+a[i]; //通过计算前缀和还原数组s
19     for(int i=1;i<=n;i++)
20       cout<<s[i]<<" ";
21     cout<<endl;
22     return 0;
23 }
```

图 3.3

运行结果：

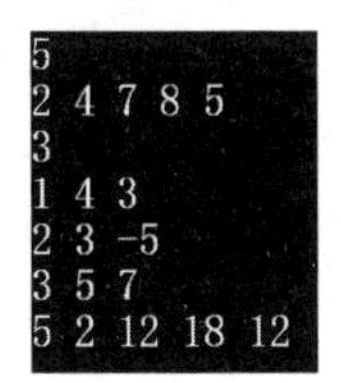

成果篮

本节课你有什么收获？

第4课　二维前缀和

导学牌

(1) 掌握二维前缀和的定义和作用。

(2) 学会使用二维前缀和解决二维区间和问题。

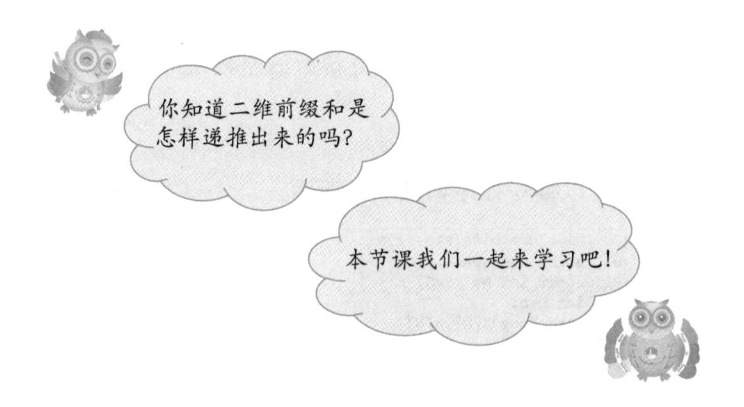

学习坊

二维前缀和是在一维前缀和的基础上递推而来的,主要用来计算一个二维矩阵内任意子矩阵的所有元素之和。

对于一个给定的二维数组 a($a[1][1],a[i][j],\cdots,a[n][m]$),前缀和 $s[i][j]$表示二维数组 a 从 $a[1][1]$~$a[i][j]$中所有元素之和,记为 $\sum_{x=1}^{i}\sum_{y=1}^{j}a[x][y]$。

【例 4.1】 二维前缀和。给定一个 n 行 m 列的二维数组 $a[i][j]$,要求计算它的二维前缀和数组 $s[i][j]=\sum_{x=1}^{i}\sum_{y=1}^{j}a[x][y]$。

输入:第一行,输入 n 和 m,$1\leqslant n,m\leqslant 2000$,代表 n 行和 m 列。接下来 n 行是一个 n 行、m 列的二维数组 $a[i][j]$,其中 $1\leqslant a[i][j]\leqslant 10^9$。

输出:二维前缀和数组 $s[i][j]$。

样例输入:

```
2 3
1 2 3
4 5 6
```

样例输出:

```
1 3 6
5 12 21
```

算法解析：

根据题意，如果直接计算单个 $s[i][j]$，那么在最坏的情况下，单个时间复杂度就达到了 $O(nm)$。如果按照一维的递推，可得 $s[i][j]=s[i-1][j]+\sum_{y=1}^{j}a[i][y]$，单个时间复杂度可以优化到 $O(m)$。如果再进一步递推，具体如图 4.1 所示。

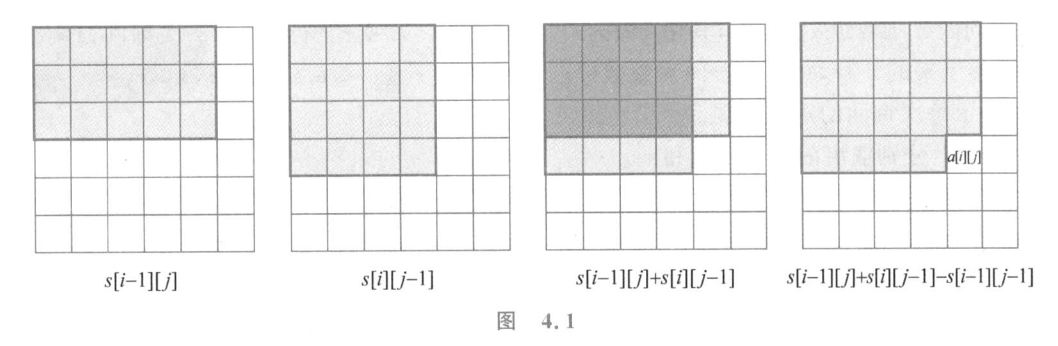

图 4.1

从图 4.1 的观察，可以很容易得到递推式 1：

$$s[i][j]=s[i-1][j]+s[i][j-1]-s[i-1][j-1]+a[i][j]$$

此时，计算单个 $s[i][j]$ 的时间复杂度优化到了 $O(1)$，那么计算 $s[i][j]$ 的时间复杂度为 $O(nm)$。

编写程序：

根据以上算法解析，可以编写程序如图 4.2 所示。

```
00 #include<bits/stdc++.h>
01 using namespace std;
02 const int N=2005;
03 int n,m;
04 long long a[N][N],s[N][N];
05 int main(){
06     cin>>n>>m;
07     for(int i=1;i<=n;i++)
08       for(int j=1;j<=m;j++)
09         cin>>a[i][j];
10     for(int i=1;i<=n;i++)
11       for(int j=1;j<=m;j++)
12         s[i][j]=s[i-1][j]+s[i][j-1]-s[i-1][j-1]+a[i][j];
13     for(int i=1;i<=n;i++){
14       for(int j=1;j<=m;j++)
15         cout<<s[i][j]<<' ';
16       cout<<endl;
17     }
18     return 0;
19 }
```

图 4.2

运行结果：

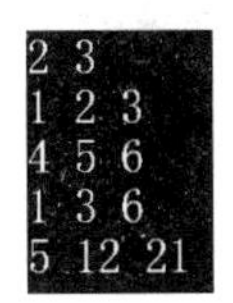

【例 4.2】 区间和问题。给定一个 n 行 m 列的二维数组 $a[i][j]$ 以及 q 次询问，每次询问给定两对区间(l_1, r_1)和(l_2, r_2)，要求计算(l_1, r_1)和(l_2, r_2)围成的子矩阵全部元素之和，即计算 $\sum_{i=l_1}^{l_2}\sum_{j=r_1}^{r_2} a[i][j]$。

输入：第一行，输入 n 和 m，$1 \leqslant n, m \leqslant 2000$，代表 n 行和 m 列。接下来 n 行是一个 n 行、m 列的二维数组 $a[i][j]$，其中 $1 \leqslant a[i][j] \leqslant 10^9$。第 $n+2$ 行，输入 q 次询问，$1 \leqslant q \leqslant 10^5$。接下来的 q 行，每行包含两对整数(l_1, r_1)和(l_2, r_2)，$1 \leqslant l_1 \leqslant l_2 \leqslant n$，$1 \leqslant r_1 \leqslant r_2 \leqslant m$，分别表示每次询问的矩形范围。

输出：分别输出前 i 个数的和 s_i。

样例输入：

```
2 3
1 2 3
4 5 6
3
1 1 1 2
1 2 2 3
1 1 2 3
```

样例输出：

```
3
16
21
```

算法解析：

根据题意，首先，根据例 4.1 算法解析中的递推式 1，计算出二维数组 $a[i][j]$ 的二维前缀和 $s[i][j]$。然后，使用同样的方式，递推出由(l_1, r_1)和(l_2, r_2)围成的子矩阵内全部元素之和 $\sum_{i=l_1}^{l_2}\sum_{j=r_1}^{r_2} a[i][j]$，具体如图 4.3 所示。

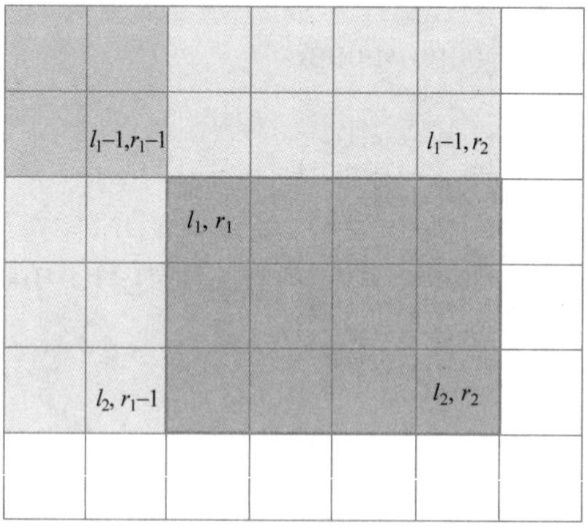

图 4.3

通过观察图 4.3，蓝色区域的子矩阵全部元素之和$\left(\text{用 sum 表示} \sum_{i=l_1}^{l_2}\sum_{j=r_1}^{r_2} a[i][j]\right)$可由以下递推式 2 得来：

$$\text{sum} = s[l_2][r_2] - s[l_1 - 1][r_2] - s[l_2][r_1 - 1] + s[l_1 - 1][r_1 - 1]$$

编写程序:

根据以上算法解析,可以编写程序如图 4.4 所示。

```
00 #include<bits/stdc++.h>
01 using namespace std;
02 const int N=2005;
03 int n,m,q;
04 long long a[N][N],s[N][N];
05 int main(){
06     cin>>n>>m;
07     for(int i=1;i<=n;i++)
08       for(int j=1;j<=m;j++)
09         cin>>a[i][j];
10     for(int i=1;i<=n;i++)
11       for(int j=1;j<=m;j++)
12         s[i][j]=s[i-1][j]+s[i][j-1]-s[i-1][j-1]+a[i][j];
13     cin>>q;
14     for(int i=1;i<=q;i++){
15         int l1,r1,l2,r2;
16         cin>>l1>>r1>>l2>>r2;
17         cout<<s[l2][r2]-s[l1-1][r2]-s[l2][r1-1]+s[l1-1][r1-1]<<endl;
18     }
19     return 0;
20 }
```

图 4.4

运行结果:

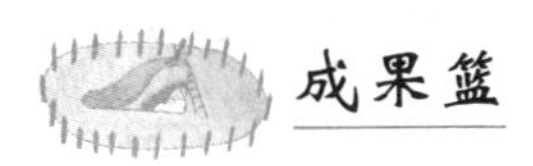

本节课你有什么收获?

第5课　二维差分

导学牌

（1）掌握二维差分的定义和作用。

（2）学会使用二维差分解决区间加/减问题。

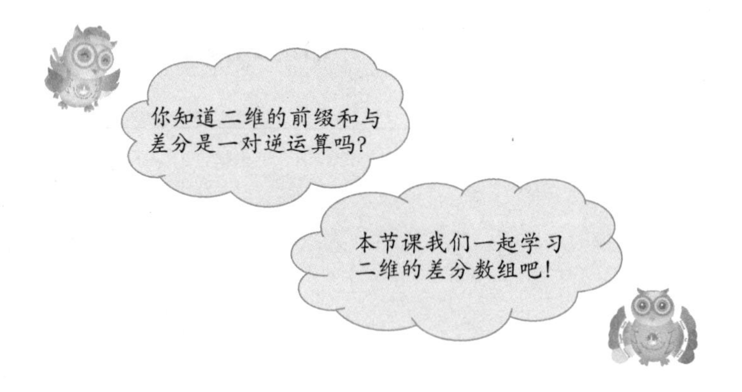

学习坊

二维差分：同一维的前缀和与差分一样，二维的前缀和与差分也是一对逆运算。

对于一个给定的二维数组 $s(s[1][1],s[i][j],\cdots,s[n][m])$，它的二维差分数组 $a(a[1][1],a[i][j],\cdots,a[n][m])$，可根据第4课的递推式1定义为

$$a[i][j]=s[i][j]-s[i-1][j]-s[i][j-1]+s[i-1][j-1](1\leqslant i\leqslant n,1\leqslant j\leqslant m)$$

二维差分主要用于二维数组内区间元素的加/减问题。

【例5.1】　区间加/减问题。给定一个 n 行 m 列的二维数组 $s[n][m]$ 以及 q 次询问，每次询问给定两对 (l_1,r_1) 和 (l_2,r_2) 以及一个整数 x。要求将 (l_1,r_1) 和 (l_2,r_2) 围成的子矩阵中所有元素全都加上 x，然后输出 q 次询问后的数组 s。

输入：第一行，输入 n 和 m，$1\leqslant n,m\leqslant 2000$，代表 n 行和 m 列。接下来 n 行是一个 n 行、m 列的二维数组 $s[n][m]$，其中 $1\leqslant s[i][j]\leqslant 10^9$。第 $n+2$ 行，输入 q 次询问，$1\leqslant q\leqslant 10^5$。接下来的 q 行，每行包含5个整数，分别是每次的询问子矩阵范围 (l_1,r_1)，(l_2,r_2) 及 x，其中 $1\leqslant l_1\leqslant l_2\leqslant n$，$1\leqslant r_1\leqslant r_2\leqslant m$，$-10^9\leqslant x\leqslant 10^9$。

输出：输出 q 次询问后的数组 s。

样例输入：

```
2 3
1 2 3
4 5 6
3
1 1 1 2 3
1 2 2 3 -5
1 1 2 3 7
```

样例输出：

```
11 7 5
11 7 8
```

算法解析：

同一维差分的情况类似，根据二维差分数组的定义有：

$$a[i][j]=s[i][j]-s[i-1][j]-s[i][j-1]+s[i-1][j-1]$$

当给定原数组 s 的区间范围(l_1,r_1)和(l_2,r_2)的子矩阵中的 $s[i][j]$全都加上 x，相当于 $a[l_1][r_1]+=x$，$a[l_1][r_2+1]-=x$，$a[l_2+1][r_1+1]-=x$，$a[l_2+1][r_2+1]+=x$。具体如图 5.1 所示。

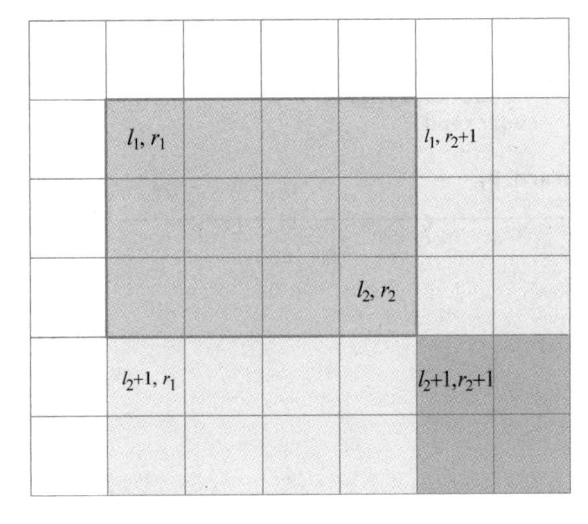

图 5.1

同样，给二维差分数组 $a[i][j]$加上 x 相当于给原数组 $s[i][j]$，…，$s[n][m]$全都加上 x，为了消除多加的部分（如图 5.1 中浅蓝色和深蓝色部分为多加的部分），还需要减去多加部分（由于深蓝色部分被重复减了两次，因此还需要再加上一次）。

因此，对于该二维区间加/减问题：

(1) 先计算出二维数组 s 的差分数组 a；

(2) 对于每次询问，仅需要在差分数组 a 上进行 $O(1)$的修改；

(3) 对更新后的差分数组做前缀和求得更新后的原数组即可；

(4) 该算法的时间复杂度为 $O(nm+q)$。

编写程序：

根据以上算法解析，可以编写程序如图 5.2 所示。

```
00 #include<bits/stdc++.h>
01 using namespace std;
02 const int N=2005;
03 int n,m,q;
04 long long s[N][N],a[N][N];
05 int main(){
06     cin>>n>>m;
07     for(int i=1;i<=n;i++)
08       for(int j=1;j<=m;j++) cin>>s[i][j];
09     for(int i=1;i<=n;i++)
10       for(int j=1;j<=m;j++)  //计算差分数组
11         a[i][j]=s[i][j]-s[i-1][j]-s[i][j-1]+s[i-1][j-1];
12     cin>>q;
13     for(int i=1;i<=q;i++){
14         int l1,r1,l2,r2,x;
15         cin>>l1>>r1>>l2>>r2>>x;
16         a[l1][r1]+=x;
17         a[l1][r2+1]-=x;
18         a[l2+1][r1]-=x;
19         a[l2+1][r2+1]+=x;
20     }
21     for(int i=1;i<=n;i++)
22       for(int j=1;j<=m;j++)  //还原数组
23         s[i][j]=s[i-1][j]+s[i][j-1]-s[i-1][j-1]+a[i][j];
24     for(int i=1;i<=n;i++){
25         for(int j=1;j<=m;j++)
26           cout<<s[i][j]<<" ";
27         cout<<endl;
28     }
29     return 0;
30 }
```

图 5.2

运行结果：

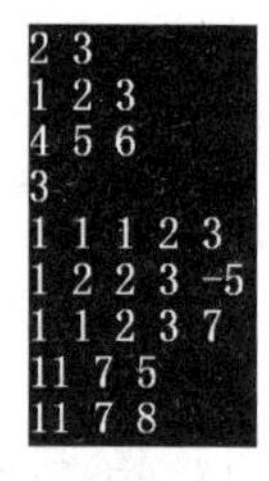

```
2 3
1 2 3
4 5 6
3
1 1 1 2 3
1 2 2 3 -5
1 1 2 3 7
11 7 5
11 7 8
```

成果篮

本节课你有什么收获？

第 6 课　算法实践园

导学牌

(1) 掌握前缀和与差分的算法思想。

(2) 学会使用前缀和与差分算法解决实际问题。

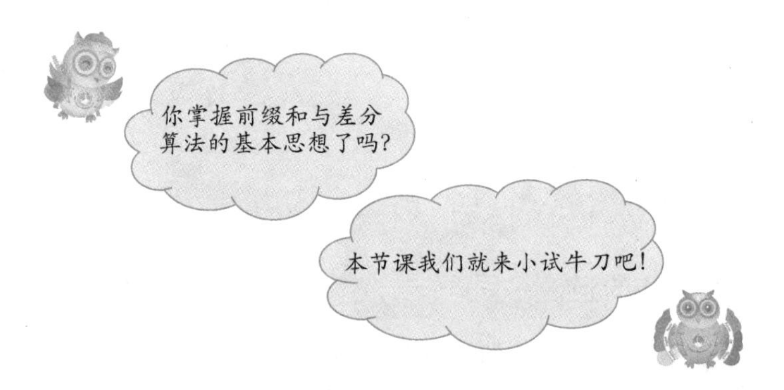

实践园一：求区间和

【题目描述】 给定 n 个正整数组成的数列 $a_1,a_2,\cdots,a_n$ 和 m 个区间$[l_i,r_i]$,分别求这 m 个区间的区间和。

输入：共 $n+m+2$ 行。第一行为一个正整数 n。第二行为 n 个正整数 $a_1,a_2,\cdots,a_n$。第三行为一个正整数 m。第四行到第 $n+m+2$ 行,每行为两个正整数 l_i 和 r_i,满足 $1\leqslant l_i\leqslant r_i\leqslant n$。

输出：共 m 行。第 i 行为第 i 组答案的询问。

说明：

样例解释：第 1 到第 4 个数加起来和为 10。第 2 个数到第 3 个数加起来和为 5。

对于 50%的数据：$n,m\leqslant 10^3$。

对于 100%的数据：$n,m\leqslant 10^5$,$1\leqslant a_i\leqslant 10^4$。

注：题目出自 https://www.luogu.com.cn/problem/B3612。

样例输入：

```
4
4 3 2 1
2
1 4
2 3
```

样例输出：

```
10
5
```

实践园一参考程序：

```
#include<bits/stdc++.h>
using namespace std;
const int N=1e5+5;
int n,m;
long long a[N],s[N];
int main(){
    cin>>n;
    for(int i=1;i<=n;i++) cin>>a[i];
    for(int i=1;i<=n;i++)
        s[i]=s[i-1]+a[i];
    cin>>m;
    for(int i=1;i<=m;i++){
        int l,r;
        cin>>l>>r;
        cout<<s[r]-s[l-1]<<endl;
    }
    return 0;
}
```

实践园二：前缀和的逆

【题目描述】 有 N 个正整数放到数组 B 里，它是数组 A 的前缀和数组，求数组 A。

输入：第一行为 1 个正整数 N；第二行为 N 个正整数。

输出：N 个正整数。

说明：

对于 100%的数据，满足 $N\leqslant 100$、$B_i\leqslant 10000$。

注：题目出自 https://www.luogu.com.cn/problem/U69096。

样例输入：

```
6
2 10 20 25 30 43
```

样例输出：

```
2 8 10 5 5 13
```

实践园二参考程序：

```
#include<bits/stdc++.h>
using namespace std;
const int N=1e4+5;
int n,m;
long long s[N];
int main(){
    cin>>n;
    for(int i=1;i<=n;i++) cin>>s[i];
    for(int i=1;i<=n;i++)
        cout<<s[i]-s[i-1]<<' ';
    return 0;
}
```

实践园三：被 7 整除的子序列和

【题目描述】 给定 n 个数，分别是 $a[1],a[2],\cdots,a[n]$。求一个最长的区间 $[x,y]$，使得区间中的数($a[x],a[x+1],a[x+2],\cdots,a[y-1],a[y]$)的和能被 7 整除。输出区间长度。若没有符合要求的区间，输出 0。

输入：共 $n+1$ 行。第一行为一个正整数 n，$1\leqslant n\leqslant 50000$。接下来 n 行分别为 $a[1]$，$a[2],\cdots,a[n]$。

输出：共一行。区间和能被 7 整除的最长区间长度，若没有符合要求的区间，输出 0。

注：题目出自 https://www.luogu.com.cn/problem/P3131。

说明：

样例解释：5+1+6+2+14=28。

样例输入：

```
7
3
5
1
6
2
14
10
```

样例输出：

```
5
```

实践园三参考程序：

```
#include<bits/stdc++.h>
using namespace std;
const int N = 50005;
int n, fst[7] = { 0, -1, -1, -1, -1, -1, -1 };
long long a[N], s[N];
int main(){
    cin >> n;
    for ( int i = 1; i <= n; i++) cin >> a[i];
    int s = 0, ans = 0;
    for ( int i = 1; i <= n; i++){
        s = ( s + a[i] ) % 7;                              //前缀和 mod 7 的值
        if( fst[s] != -1 ) ans = max( ans, i - fst[s] );  //如果出现过，则更新答案
        if( fst[s] == -1 ) fst[s] = i;                     //如果没有出现过，则标记为已出现
    }
    cout << ans << endl;
    return 0;
}
```

实践园四：最大正方形

【题目描述】 在一个 $n\times m$ 的只包含 0 和 1 的矩阵里找出一个不包含 0 的最大正方形，并输出边长。

输入：第一行为两个整数 $n,m(1\leqslant n,m\leqslant 100)$。接下来 n 行，每行 m 个数字，用空格隔开，0 或 1。

输出：一个整数，最大正方形的边长。

注：题目出自 https://www.luogu.com.cn/problem/P1387。

样例输入：

```
4 4
0 1 1 1
1 1 1 0
0 1 1 0
1 1 0 1
```

样例输出：

```
2
```

实践园四参考程序：

```
#include<bits/stdc++.h>
using namespace std;
int n,m,a[105][105],s[105][105];
int C(int l1,int r1,int l2,int r2){
    return s[l2][r2]-s[l1-1][r2]-s[l2][r1-1]+s[l1-1][r1-1];
}
int main(){
    cin>>n>>m;
    for(int i=1;i<=n;i++)
        for(int j=1;j<=m;j++)
            cin>>a[i][j];
    for(int i=1;i<=n;i++)
        for(int j=1;j<=m;j++)
            s[i][j]=s[i-1][j]+s[i][j-1]-s[i-1][j-1]+a[i][j];
    int ans=0;
    for(int i=1;i<=n;i++)
        for(int j=1;j<=m;j++)
            for(int k=1;i+k-1<=n&&j+k-1<=m;k++)
                if(C(i,j,i+k-1,j+k-1)==k*k) ans=max(ans,k);
    cout<<ans<<endl;
    return 0;
}
```

实践园五：激光制导炸弹

【题目描述】 给定一种新型的激光制导炸弹，可以摧毁一个边长为 m 的正方形内的所有目标。现在地图上有 n 个目标，用整数 x_i 和 y_i 表示目标在地图上的位置，每个目标都有一个价值 v_i。激光制导炸弹的投放是通过卫星定位的，但其有一个缺点，就是其爆破范围，即那个边长为 m 的边必须与 x 轴、y 轴平行。若目标位于爆破正方形的边上，该目标不会被摧毁。

现在你的任务是计算一颗激光制导炸弹最多能炸掉地图上总价值为多少的目标。

输入：第一行，输入的第一行为整数 n 和整数 m。接下来的 n 行，每行有 3 个整数 x、y、v 表示一个目标的坐标与价值。

输出：输出仅有一个正整数，表示一颗激光制导炸弹最多能炸掉地图上总共多少的目标(结果不会超过 32767)

注：题目出自 https://www.luogu.com.cn/problem/P2280。

说明：

对于 100%的数据，保证 $1 \leqslant n \leqslant 10^4$，$0 \leqslant x_i, y_i \leqslant 5 \times 10^3$，$1 \leqslant m \leqslant 5 \times 10^3$，$1 \leqslant v_i < 100$。

样例输入：

```
2 1
0 0 1
1 1 1
```

样例输出：

```
1
```

实践园五参考程序：

```
#include<bits/stdc++.h>
using namespace std;
const int N = 5005;
int n,m,a[N][N],s[N][N];
int C(int l1,int r1,int l2,int r2){
    return a[l2][r2] - a[l1 - 1][r2] - a[l2][r1 - 1] + a[l1 - 1][r1 - 1];
}
int main(){
    cin >> n >> m;
    for(int i = 1;i <= n;i++){
        int x,y,v;
        cin >> x >> y >> v;
        x++,y++;
        a[x][y] += v;
    }
    for(int i = 1;i <= 5001;i++)
        for(int j = 1;j <= 5001;j++)
            a[i][j] = a[i - 1][j] + a[i][j - 1] - a[i - 1][j - 1] + a[i][j];
    int ans = 0;
    for(int i = 1;i + m - 1 <= 5001;i++)
        for(int j = 1;j + m - 1 <= 5001;j++)
            ans = max(ans,C(i,j,i + m - 1,j + m - 1));
    cout << ans << endl;
    return 0;
}
```

实践园六：求和

【题目描述】 给定 n 个整数 $a_1, a_2, \cdots, a_n$，求它们两两相乘再相加的和，即

$$s = a_1 \cdot a_2 + a_1 \cdot a_3 + \cdots + a_1 \cdot a_n + a_2 \cdot a_3 + \cdots + a_{n-2} \cdot a_{n-1} + a_{n-2} \cdot a_n + a_{n-1} \cdot a_n$$

输入：输入的第一行包含一个整数 n。第二行包含 n 个整数 $a_1, a_2, \cdots, a_n$。

输出：输出一个整数 S，表示所求的和。请使用合适的数据类型进行运算。

注：题目出自 https://www.luogu.com.cn/problem/P8772。

样例输入：

```
4
1 3 6 9
```

样例输出：

```
117
```

实践园六参考程序：

```
#include<bits/stdc++.h>
using namespace std;
int s[200005],a[200005];
int main(){
    int n;cin>>n;
    long long sum=0;
    for(int i=1;i<=n;i++){
        cin>>a[i];
        s[i]=s[i-1]+a[i];
    }
    for(int i=1;i<=n;i++)
        sum+=a[i]*((long long)s[n]-s[i]);
    cout<<sum;
    return 0;
}
```

Chapter 2

第2章

高精度算法

在 C++ 中，整型（int）和长整型（long long）分别可以表示的范围是$[-2^{31}, 2^{31}-1]$和$[-2^{63}, 2^{63}-1]$，最多 19 位。当需要存储或计算更大的整数时，比如一个含有 50 位的数字，一般我们将这类高达几十位甚至几百位的数字称为高精度数，又称高精度。

高精度算法的设计思想：在处理高精度数值运算时，巧用计算机（C++ 编程语言）中的数组来模拟数学中加、减、乘、除等各种运算的算法。

本章将介绍高精度比较、高精度加法、高精度减法、高精度乘法、高精度除法和算法实践园。

第7课　高精度比较

导学牌

(1) 掌握高精度的读入输出。

(2) 掌握高精度的大小比较。

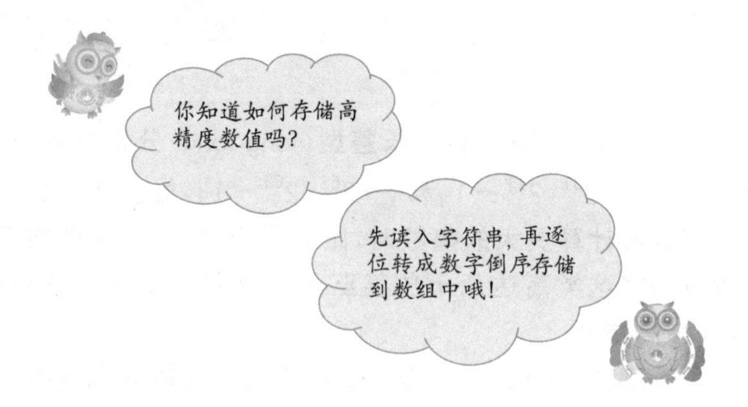

学习坊

请在数组 d 中存储一个不超过 200 位的大整数 x。

【分析】 假设大整数 $x=245689$,先读入字符串"245689"存放在 s 中。根据 ASCII 码表可知,字符数字'0'～'9'对应的整型数字是 48～57,所以字符逐位转成整型时,还需要每位减去 48 或'0',如表 7.1 所示。

表　7.1

数组下标 i	0	1	2	3	4	5	……
字符数组 s	'2'	'4'	'5'	'6'	'8'	'9'	……
整型数组 d	9	8	6	5	4	2	0

思考:为什么要倒序存储到数组 d 中呢?

如果没有想到为什么倒序存储,没有关系,就请你先暂时记住需要倒序存储到 int 数组中,然后带着这个问题往下学。

1. 高精度的读入输出

处理高精度类型的数据,首先要定义的就是读入(存储)与输出。本书采用的是结构体的方式处理高精度类型的问题,因此首先定义一个 bignum 的结构体类型,如下所示。

```
struct bignum{
    int d[N];           //d[0],d[1],d[2],d[3]...分别表示个、十、百、千位……
};
```

（1）读入：读入一个高精度类型的大整数，将其存放在结构体类型 bignum 中，如下所示。

```
void read(){
    char s[N];
    cin>>s;                                          //字符串读入
    int n=strlen(s);
    for(int i=0;i<n;i++) d[i]=s[n-1-i]-'0';          //逐位转成数字，并倒序存储
    for(int i=n;i<N;i++) d[i]=0;                     //高位赋 0
}
```

（2）输出：将结构体 bignum 中的大整数按照十进制表示输出，如下所示。

```
void print(){
    int pos=N-1;
    while(pos>0&&!d[pos]) pos--;                     //找到最高位所在位置
    for(int i=pos;i>=0;i--) cout<<d[i];
    cout<<endl;
}
```

注意：由于是倒序读入的大整数，因此，输出时要从最高位（第 1 个非零的数）开始输出。

【例 7.1】 定义一个结构体 bignum，实现高精度类型（不超过 200 位）的大整数的读入与输出。

样例输入：

```
111111111000000000222222222444444444
```

样例输出：

```
111111111000000000222222222444444444
```

编写程序：

程序如图 7.1 所示。

```
00 #include<bits/stdc++.h>
01 using namespace std;
02 const int N=205;
03 struct bignum{
04     int d[N];
05     void read(){
06         char s[N];
07         cin>>s;  //字符串读入
08         int n=strlen(s);
09         for(int i=0;i<n;i++) d[i]=s[n-1-i]-'0';  //逐位转成数字，并倒序存储
10         for(int i=n;i<N;i++) d[i]=0;  //高位赋0
11     }
12     void print(){
13         int pos=N-1;
14         while(pos>0&&!d[pos]) pos--;  //找到最高位所在位置
15         for(int i=pos;i>=0;i--) cout<<d[i];
16         cout<<endl;
17     }
18 }A;
19 int main(){
20     A.read();
21     A.print();
22     return 0;
23 }
```

图 7.1

运行结果：

```
1111111111000000000222222222244444444444
1111111111000000000222222222244444444444
```

2. 高精度的大小比较

对于两个高精度大整数 A 和 B，如何比较它们的大小关系呢？

【分析】 在数学中，比较两个正整数的大小，首先看数位，若不同，数位多的整数大；若相同，从高位看起，相同数位上的数大的那个整数大，假设 $A=65928$，$B=9371$，可以很容易判断出 $A>B$。

同样，在编程中，我们使用数组模拟数学中的方法来比较大小关系，假设 A 和 B 的位数相同，如果不相同，少的那个用零补齐，再从高位逐个比较，如表 7.2 所示，A 的最高位是 $A.d[4]=6$（第 1 个非零的数），B 的最高位是 $B.d[3]=9$，因此，$B.d[4]=0$，再比较 $A.d[4]$ 和 $B.d[4]$，显然前者大，因此得出 $A>B$。

学到这里，你是否理解前面"思考"中为什么需要倒序存储一个大整数呢？

表 7.2

下标 i	0	1	2	3	4	5	……
$A.d[i]$	8	2	9	5	6	0	0
$B.d[i]$	1	7	3	9	0	0	0

由于高精度大整数 A 和 B 都是存放在结构体 bignum 中，如果我们希望能像 int 类型一样，比较 A 和 B 的大小关系，还需要在结构体 bignum 中重载运算符"<"，如下所示。

```
bool operator<(bignum x){
    for(int i=N;i>=0;i--)                       //从高位到低位进行比较
        if(d[i]!=x.d[i]) return d[i]<x.d[i];
    return 0;                                   //完全相等返回 0
}
```

【例 7.2】 分别读入两个不超过 200 位的高精度大整数 A 和 B，并比较 A 和 B 的大小关系，如果 $A<B$，输出"1"，否则输出"0"。

样例输入：

```
1111111111
22222222222
```

样例输出：

```
1
```

编写程序：

程序如图 7.2 所示。

```
00 #include<bits/stdc++.h>
01 using namespace std;
02 const int N=205;
03 struct bignum{
04     int d[N];  //d[0],d[1],d[2],d[3],d[4]...分别表示个、十、百、千位……
05     void read(){
06         char s[N];
07         cin>>s; //字符串读入
08         int n=strlen(s);
09         for(int i=0;i<n;i++) d[i]=s[n-1-i]-'0';  //逐位转成数字，并倒序存储
10         for(int i=n;i<N;i++) d[i]=0;  //高位赋0
11     }
12     void print(){
13         int pos=N-1;
14         while(pos>0&&!d[pos]) pos--;  //找到最高位所在位置
15         for(int i=pos;i>=0;i--) cout<<d[i];
16         cout<<endl;
17     }
18     bool operator<(bignum x){
19         for(int i=N-1;i>=0;i--)       //从高位到低位进行比较
20             if(d[i]!=x.d[i]) return d[i]<x.d[i];
21         return 0;                     //完全相等返回0
22     }
23 }A,B;
24 int main(){
25     A.read();
26     B.read();
27     cout<<(A<B)<<endl;
28     return 0;
29 }
```

图 7.2

运行结果：

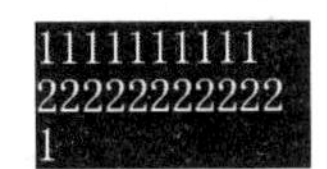

成果篮

本节课你有什么收获？

第8课　高精度加法

导学牌

掌握高精度的加法运算。

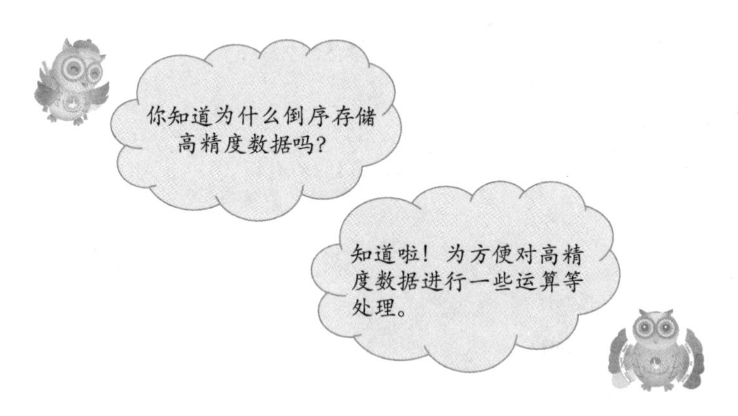

学习坊

【例 8.1】　大整数加法。求两个不超过 200 位的非负整数的和。

输入：共两行，每行是一个不超过 200 位的非负整数，可能有多余的前导 0。

输出：共一行，即相加后的结果。结果里不能有多余的前导 0，即如果结果是 342，那么就不能输出为 0342。

注：题目出自 http://noi.openjudge.cn/ch0106/10。

样例输入：

```
22222222222222222222
33333333333333333333
```

样例输出：

```
55555555555555555555
```

算法解析：

根据题意，不超过 200 位的大整数相加，因为已超过 C++ 整型能表示的范围，所以只能使用高精度模拟算法处理。假设 $A=428$，$B=934$，$C=A+B$。

数学的列竖式法如下。

```
      4  2  8                        4  2  8
   +  9  3  4       进位处理     +     9  3  4
   ----------       ======>     ------------
     13  5 12                     1  3  6  2
     百  十 个                    千 百 十 个
```

数组模拟列竖式如表 8.1 所示。

表 8.1

下标 i	0	1	2	3	4	5	……
$A.d[i]$	8	2	4	0	0	0	0
$B.d[i]$	4	3	9	0	0	0	0
$C.d[i]$	12	5	13	0	0	0	0
进位处理	2	6	3	1	0	0	0

再找到 $C.d[i]$最高位(第 1 个非零的数)$C.d[3]=1$,再倒序输出即可,即 $C=1362$。同样,还需要在结构体 bignum 中重载运算符"+",如下所示。

```
bignum operator + (bignum x){
    bignum tmp;
    for(int i = 0;i < N;i++) tmp.d[i] = d[i] + x.d[i];
    for(int i = 0;i < N;i++){
        if(tmp.d[i]> = 10){              //进位处理
            tmp.d[i] -= 10;
            tmp.d[i + 1]++;
        }
    }
    return tmp;
}
```

注意:重载运算符"+"后,返回值是一个 bignum 类型。

编写程序:

根据以上算法解析,可以编写程序如图 8.1 所示。

```
00 #include<bits/stdc++.h>
01 using namespace std;
02 const int N=205;
03 struct bignum{
04     int d[N];
05     void read(){
06         char s[N];
07         cin>>s;  //字符串读入
08         int n=strlen(s);
09         for(int i=0;i<n;i++) d[i]=s[n-1-i]-'0';  //逐位转成数字，并倒序存储
10         for(int i=n;i<N;i++) d[i]=0;  //高位赋0
11     }
12     void print(){
13         int pos=N-1;
14         while(pos>0&&!d[pos]) pos--;  //找到最高位所在位置
15         for(int i=pos;i>=0;i--) cout<<d[i];
16         cout<<endl;
17     }
18     bignum operator+(bignum x){
19         bignum tmp;
20         for(int i=0;i<N;i++) tmp.d[i]=d[i]+x.d[i];
21         for(int i=0;i<N;i++){
22             if(tmp.d[i]>=10){  //进位处理
23                 tmp.d[i]-=10;
```

图 8.1

```
24                      tmp.d[i+1]++;
25                  }
26              }
27              return tmp;
28          }
29  }A,B,C;
30  int main(){
31      A.read();
32      B.read();
33      C=A+B;
34      C.print();
35      return 0;
36  }
```

图　8.1（续）

运行结果：

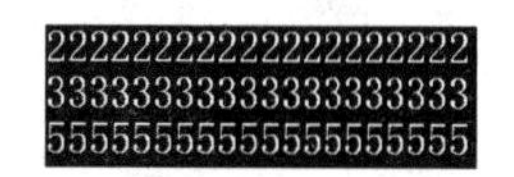

成果篮

本节课你有什么收获？

第 9 课　高精度减法

导学牌

掌握高精度的减法运算。

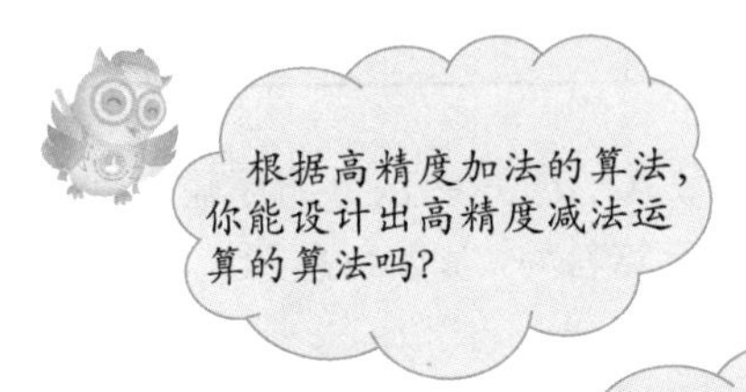

学习坊

【例 9.1】　大整数减法。求两个大的正整数相减的差。

输入：共两行，第一行是被减数 a，第二行是减数 b($a>b$)。每个大整数不超过 200 位，不会有多余的前导零。

输出：共一行，即所求的差。

注：题目出自 http://noi.openjudge.cn/ch0106/11。

样例输入：

```
9999999999999999999999999999999999999
9999999999999
```

样例输出：

```
9999999999999999999999990000000000000
```

算法解析：

根据题意，不超过 200 位的大整数相减，因为已超过 C++ 整型能表示的范围，所以只能使用高精度模拟算法处理。假设 $A=2165$，$B=836$，$C=A-B$。

数学的列竖式法如下。

$$
\begin{array}{r}
\dot{2}\,1\,\dot{6}\,5 \\
-\quad 8\,3\,6 \\
\hline
1\,3\,2\,9
\end{array}
$$

千百十个

数组模拟列竖式如表 9.1 所示。

表 9.1

下标 i	0	1	2	3	4	5	……
$A.d[i]$	**5**	**5**	**1**	**2**	**0**	**0**	0
$B.d[i]$	**6**	**3**	**8**	**0**	0	0	0
$C.d[i]$	**9**	**2**	**3**	**1**	0	0	0

再找到 $C.d[i]$最高位(第 1 个非零的数)$C.d[3]=1$，再倒序输出即可，即 $C=1329$。同样，还需要在结构体 bignum 中重载运算符“－”，如下所示。

```
bignum operator - (bignum x){
    bignum tmp;
    for (int i = 0;i < N;i++) tmp.d[i] = d[i] - x.d[i];
    for (int i = 0;i < N;i++){
        if (tmp.d[i]< 0){                    //借位处理
            tmp.d[i] += 10;
            tmp.d[i + 1] -- ;
        }
    }
    return tmp;
}
```

注意：重载运算符“－”后，返回值是一个 bignum 类型。

编写程序：

根据以上算法解析，可以编写程序如图 9.1 所示。

```
00  #include<bits/stdc++.h>
01  using namespace std;
02  const int N=205;
03  struct bignum{
04      int d[N];
05      void read(){
06          char s[N];
07          cin>>s;  //字符串读入
08          int n=strlen(s);
09          for(int i=0;i<n;i++) d[i]=s[n-1-i]-'0';  //逐位转成数字，并倒序存储
10          for(int i=n;i<N;i++) d[i]=0;  //高位赋0
11      }
12      void print(){
13          int pos=N-1;
14          while(pos>0&&!d[pos]) pos--;  //找到最高位所在位置
15          for(int i=pos;i>=0;i--) cout<<d[i];
16          cout<<endl;
17      }
18      bignum operator-(bignum x){
19          bignum tmp;
```

图 9.1

```
20            for (int i=0;i<N;i++) tmp.d[i]=d[i]-x.d[i];
21            for (int i=0;i<N;i++){
22                if (tmp.d[i]<0){  //借位处理
23                    tmp.d[i]+=10;
24                    tmp.d[i+1]--;
25                }
26            }
27            return tmp;
28        }
29    }A,B,C;
30    int main(){
31        A.read();
32        B.read();
33        C=A-B;
34        C.print();
35        return 0;
36    }
```

图 9.1(续)

运行结果:

```
9999999999999999999999999999999999999
9999999999999
9999999999999999999999990000000000000
```

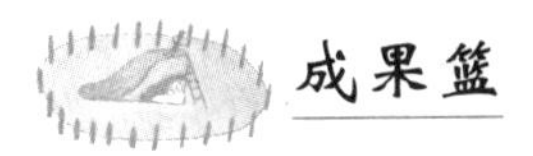

成果篮

本节课你有什么收获?

第10课　高精度乘法

导学牌

(1) 掌握高精度乘以高精度的乘法运算。

(2) 掌握高精度乘以int类型的乘法运算。

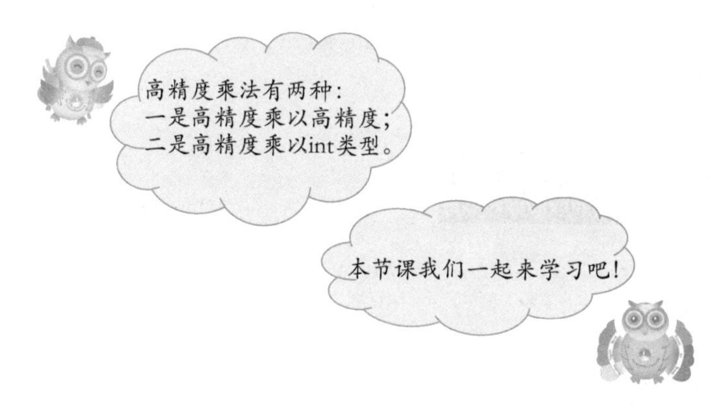

学习坊

1. 高精度乘以高精度

【例10.1】　大整数乘以大整数。给出两个非负整数,求它们的乘积。

输入:共两行,每行一个非负整数,每个非负整数不超过 10^{2000}。

输出:共一行,输出一个非负整数表示乘积。

注:题目出自 https://www.luogu.com.cn/problem/P1303。

样例输入:

```
1
2
```

样例输出:

```
2
```

算法解析:

根据题意,每个非负数不超过 10^{2000} 位的大整数相乘,显然需要使用高精度模拟算法处理,即将两个 bignum 类型 $A*B$ 的值存在另一个 binnum 类型 C 中。

如果 A 的第 i 位是 A_i,B 的第 i 位是 B_i,那么 A_i*B_j 的结果将会加到 C 的第 $i+j$ 位上($i,j=0,1,2,\cdots$)。假设 $A=481,B=64,C=A*B$。

数学的列竖式法如下。

```
        4  8  1                              4  8  1
   ×       6  4        进位处理          ×       6  4
  ----------------     =======>      ----------------
           6  4                                6  4
       48 32                               48 32
    24 16                               24 16
  ----------------                   ----------------
    24 64 38  4                       3  0  7  8  4
    千  百  十  个                      万  千  百  十  个
```

数组模拟列竖式如表 10.1 所示。

表　10.1

下标	0	1	2	3	4	5	……
A_i	**1**	**8**	**4**	**0**	**0**	**0**	0
B_j	**4**	**6**	0	0	0	0	0
$A_0 * B_{j(j=0,1)}$	**4**	**6**	0	0	0	0	0
$A_1 * B_{j(j=0,1)}$	0	**32**	**48**	0	0	0	0
$A_2 * B_{j(j=0,1)}$	0	0	**16**	**24**	0	0	0
$C_{i+j} = \sum A_i * B_j$	**4**	**38**	**64**	**24**	0	0	0
进位处理	**4**	**8**	**7**	**0**	**3**	0	0

再找到 C 最高位(第 1 个非零的数)$C_4=3$,再倒序输出即可,即 $C=30784$。

同样,还需要在结构体 bignum 中重载运算符“ * ”如下所示。

```
bignum operator * (bignum x){
    bignum tmp;
    for(int i = 0;i < N;i++) tmp.d[i] = 0;          //置 0
    for(int i = 0;i < N;i++)
        for(int j = 0;i + j < N;j++)                //注意 i + j 要在数组范围内
            tmp.d[i + j] += d[i] * x.d[j];
    for(int i = 0;i < N;i++){
        tmp.d[i + 1] += tmp.d[i]/10;                //从低位到高位依次处理进位
        tmp.d[i] % = 10;
    }
    return tmp;
}
```

注意:由于题目中给定每个大整数的最大范围是 10^{2000},两个 10^{2000} 以内的数相乘最大范围为 10^{4000},因此 N 至少为 4001。

编写程序:

根据以上算法解析,可以编写程序如图 10.1 所示。

```
00  #include<bits/stdc++.h>
01  using namespace std;
02  const int N=4005;  //保证能够存放两个10^2000以内的数的乘积
03  struct bignum{
04      int d[N];
05      void read(){
06          char s[N];
07          cin>>s;  //字符串读入
08          int n=strlen(s);
```

图　10.1

```
09        for(int i=0;i<n;i++) d[i]=s[n-1-i]-'0';  //逐位转成数字，并倒序存储
10        for(int i=n;i<N;i++) d[i]=0;  //高位赋0
11    }
12    void print(){
13        int pos=N-1;
14        while(pos>0&&!d[pos]) pos--;  //找到最高位所在位置
15        for(int i=pos;i>=0;i--) cout<<d[i];
16        cout<<endl;
17    }
18    bignum operator*(bignum x){
19        bignum tmp;
20        for(int i=0;i<N;i++) tmp.d[i]=0;  //置0
21        for(int i=0;i<N;i++)
22          for(int j=0;i+j<N;j++)  //注意i+j要在数组范围内
23            tmp.d[i+j]+=d[i]*x.d[j];
24        for(int i=0;i<N;i++){
25            tmp.d[i+1]+=tmp.d[i]/10;  //从低位到高位依次处理进位
26            tmp.d[i]%=10;
27        }
28        return tmp;
29    }
30 }A,B,C;
31 int main(){
32     A.read();
33     B.read();
34     C=A*B;
35     C.print();
36     return 0;
37 }
```

图 10.1(续)

运行结果：

2. 高精度乘以 int 类型

在实际计算过程中，乘法运算往往并不是两个高精度相乘，而是一个高精度乘上一个相对较小(int 范围内)的数。

【例 10.2】 计算 2 的 n 次方。任意给定一个正整数 $n(n\leqslant 100)$，计算 2 的 n 次方的值。

输入：输入一个正整数 n。

输出：输出 2 的 n 次方的值。

注：题目出自 http://noi.openjudge.cn/ch0106/12/。

样例输入：

```
5
```

样例输出：

```
32
```

算法解析：

根据题意，可知 2^n 的结果 long long 类型能表示的范围，因此需要使用高精度模拟算法处理。计算 2^n 可以理解成高精度乘以 int 类型的过程，假设高精度 ans=1，然后让 ans 每次乘以 2，也就就是说乘号右侧的乘数永远都是 2。

在结构体 bignum 中重载运算符"*"，如下所示。

```
bignum operator * (int x){
    bignum tmp;
    for(int i = 0;i < N;i++) tmp.d[i] = d[i] * x;        //语句 1
    for(int i = 0;i < N;i++){                             //语句 2
```

```
            tmp.d[i+1] += tmp.d[i]/10;
            tmp.d[i] % = 10;
        }
        return tmp;
    }
```

注意：

(1) 语句1中传入的x并不是int范围，而是$[0,(2^{31}-1)/9]$。

(2) 语句2，已知$n\leqslant 100$，由于$(10^3)^{10}<(2^{10})^{10}<(10^4)^{10}$，因此很容易估算出$2^n$不超过41位，所以$N$的大小设定为50即可。

编写程序：

根据以上算法解析，可以编写程序如图10.2所示。

```
00 #include<bits/stdc++.h>
01 using namespace std;
02 const int N=50;
03 struct bignum{
04     int d[N];
05     void print(){
06         int pos=N-1;
07         while(pos>0&&!d[pos]) pos--;
08         for(int i=pos;i>=0;i--) cout<<d[i];
09         cout<<endl;
10     }
11     bignum operator*(int x){
12         bignum tmp;
13         for(int i=0;i<N;i++) tmp.d[i]=d[i]*x;
14         for(int i=0;i<N;i++){
15             tmp.d[i+1]+=tmp.d[i]/10;
16             tmp.d[i]%=10;
17         }
18         return tmp;
19     }
20 }ans;
21 int n;
22 int main(){
23     cin>>n;
24     ans.d[0]=1;  //初始化
25     for (int i=1;i<=n;i++) ans=ans*2;
26     ans.print();
27     return 0;
28 }
```

图 10.2

运行结果：

成果篮

本节课你有什么收获？

第 11 课　高精度除法

导学牌

（1）掌握高精度除以高精度的除法运算。

（2）掌握高精度除以 int 类型的除法运算。

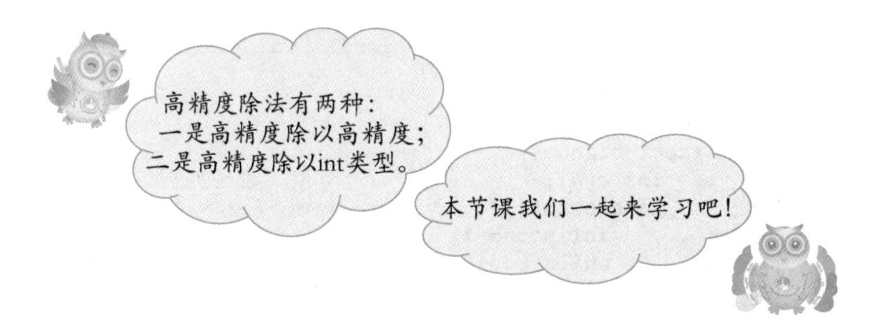

学习坊

1. 高精度除以 int 类型

1）不带余数的高精度除以 int 类型

【例 11.1】　大整数除以整数。输入两个整数 a、b（$0 \leqslant a \leqslant 10^{5000}, 1 \leqslant b \leqslant 10^9$），输出它们的商。

输入：共两行，第一行是被除数；第二行是除数。

输出：共一行，商的整数部分。

注：题目出自 https://www.luogu.com.cn/problem/P1480。

样例输入：

```
10
2
```

样例输出：

```
5
```

算法解析：

在做除法过程中，由于每一次商的范围均为 0～9，所以可以直接模拟做商的过程。假设 $A=298, B=7$。在数学中，可以列竖式，求出结果，如下所示。

```
      42
   ┌────
 7 ) 298
     28
   ────
      18
      14
   ────
       4
```

在 C++中，通常是将一个高精度大整数存储在一个数组中，现请试想一下，该如何读取这个大整数呢？假设 $A=298$，则有表 11.1。

表 11.1

下标	0	1	2	3	……
$A.d[i]$	8	9	2	0	0

首先初始化 res=0，然后从高位往低位依次读取，每读取一位，就让 res * 10 再加上当前这一位，再更新 res，则有 res=res * 10+$A.d[i]$($i=2,1,0$)，如下所示。

$$0*10+2=2$$

$$2*10+9=29$$

$$29*10+8=298$$

当然，我们无法真的将一个高精度大整数读取出来，但可以借助这样的方法来模拟数学中做商的过程，如表 11.2 所示。

表 11.2

数位	被除数	除数	商	计算过程
—	—	—	—	0 * 10+2=2
百位	2	7	0	2 * 10+9=29
十位	29	7	4	29−4 * 7=1① 1 * 10+8=18
个位	18	7	2	18−2 * 7=4

注：①数学中 29−4 * 7 等价于 29%7。

在结构体 bignum 中，重载运算符"/"，将以上表 11.2 模拟做商的过程写成对应的 C++程序，如下所示。

```
bignum operator / (int x){
    long long res = 0;              //语句 1
    bignum tmp;
    for(int i = N;i >= 0;i -- ){
        res = res * 10 + d[i];      //语句 2
        tmp.d[i] = res/x;
        res = res % x;
    }
    return tmp;
}
```

注意：（语句 1）变量 res 初始化时，要注意定义为 long long 类型。因为 res 的范围是 $[0,x-1]$，其中 x 是 int 类型。但在计算过程中（如语句 2），res 的范围是 $[0,(x-1)*10+9]$，即 $[0,10*x-1]$，因此 res 要定义为 long long 类型。

编写程序：

根据以上算法解析，可以编写程序如图 11.1 所示。

```
00 #include<bits/stdc++.h>
01 using namespace std;
02 int const N=5005;
03 struct bignum{
04     int d[N];
05     void read(){
06         char s[N];
07         cin>>s;
08         int n=strlen(s);
09         for(int i=0;i<n;i++) d[i]=s[n-1-i]-'0';
10         for(int i=n;i<N;i++) d[i]=0;
11     }
12     void print(){
13         int pos=N-1;
14         while(pos>0&&!d[pos]) pos--;
15         for(int i=pos;i>=0;i--) cout<<d[i];
16         cout<<endl;
17     }
18     bignum operator/(int x){
19         long long res=0;
20         bignum tmp;
21         for(int i=N-1;i>=0;i--){
22             res=res*10+d[i];
23             tmp.d[i]=res/x;
24             res=res%x;
25         }
26         return tmp;
27     }
28 }A,C;
29 int main(){
30     int B;
31     A.read();
32     cin>>B;
33     C=A/B;
34     C.print();
35     return 0;
36 }
```

图 11.1

运行结果：

2）带余数的高精度除以 int 类型

【例 11.2】 大整数除以整数。输入两个整数 a、b（$0 \leqslant a \leqslant 10^{5000}$，$1 \leqslant b \leqslant 10^{9}$），输出它们的商和余数。

输入：共一行，分别是被除数和除数。

输出：共两行，分别是商和余数。

样例输入：

```
298 7
```

样例输出：

```
42
4
```

算法解析：

在图 11.1 重载运算符“/”的程序中，tmp 存储的是除法的商，而 res 最终存储的结果就是除法的余数。如果需要对取模运算符“%”进行重载，仅需保留与取模相关的语句，最后直接返回 res 即可。参考程序如图 11.2 所示。

```
00 #include<bits/stdc++.h>
01 using namespace std;
02 int const N=5005;
03 struct bignum{
04     int d[N];
05     void read(){
06         char s[N];
07         cin>>s;
08         int n=strlen(s);
09         for(int i=0;i<n;i++) d[i]=s[n-1-i]-'0';
10         for(int i=n;i<N;i++) d[i]=0;
11     }
12     void print(){
13         int pos=N-1;
14         while(pos>0&&!d[pos]) pos--;
15         for(int i=pos;i>=0;i--) cout<<d[i];
16         cout<<endl;
17     }
18     bignum operator/(int x){
19         long long res=0;
20         bignum tmp;
21         for(int i=N;i>=0;i--){
22             res=res*10+d[i];
23             tmp.d[i]=res/x;
24             res=res%x;
25         }
26         return tmp;
27     }
28     int operator%(int x){
29         long long res=0;
30         for(int i=199;i>=0;i--){
31             res=res*10+d[i];
32             res=res%x;
33         }
34         return res;
35     }
36 }A,C;
37 int main(){
38     int B,r;
39     A.read();
40     cin>>B;
41     C=A/B;
42     r=A%B;
43     C.print();
44     cout<<r;
45     return 0;
46 }
```

图 11.2

运行结果：

2. 高精度除以高精度

1）不带余数的高精度除以高精度

【例 11.3】 大整数除以大整数。给出正整数 n 和 m，请你计算 $n \div m$（n/m 的下取整）。

输入：两行，两个正整数，n 和 m。

输出：一行，一个整数，表示 $n \div m$。

说明：

对于 60%的数据：$n, m \leqslant 750!$，答案$\leqslant 7!$。

对于 100%的数据：$n, m \leqslant 6250!$，答案$\leqslant 13!$。

注：题目出自 https://www.luogu.com.cn/problem/P2005。

样例输入：

```
1000
333
```

样例输出：

```
3
```

算法解析：

在数学中，两个整数相除，除了列竖式的计算方法，还可以使用一组连续的减法代替除法。假设整数 $a=298, b=87, c=a/b$（下取整）则有 $c=3$，过程如表 11.3 所示。

表　11.3

a	b	$a-b$	c
298	87	211	1
211	87	124	2
124	87	37	3

编写成对应的 C++ 程序，如下所示。

```
int div(int a, int b){
    itn res = 0;
    while(a >= b) a -= b , res++;
    return res;
}
```

注意：div(a,b)返回的就是 a/b 的结果。

对于两个高精度大整数相除，同样可以使用连续的减法代替，由于大整数是按位存储在数组中，每一位最大是 9，所以在模拟做商过程中，每一次的商都为 0～9，while 语句最多循环 9 次。假设大整数 $A=298$、$B=7$，则有如表 11.4 所示。

表　11.4

下标	0	1	2	3	……
$A.d[i]$	8	9	2	0	0
$B.d[i]$	7	0	0	0	0

思考：如何实现用连续地减法模拟大整数的除法操作呢？

其实仅需要构造不同的除数即可，仍以大整数 $A=298$、$B=7$ 为例，过程如表 11.5 所示。

表　11.5

被除数	除数	比较	商（初始为 0）
298	700	298<700	百位上的商为 0
298	70	228	十位上的商+1=1
228	70	158	十位上的商+1=2
158	70	88	十位上的商+1=3
88	70	18	十位上的商+1=4
18	70	18<70	十位上的商为 4
18	7	11	个位上的商+1=1
11	7	4	个位上的商+1=2

续表

被除数	除数	比较	商(初始为0)
4	7	4<7	个位上的商为2
结束减法模拟过程			

从表11.5中可以看出,构造了3个除数,分别是700、70、7。

首先,用被除数298与新除数700作比较,由于被除数298<除数700,所以比较结束,可得百位上的商为0。

然后,继续用被除数298与新除数70作比较。有被除数298>除数70,则可以用298连续减去4个70。此时,被除数更新为18。由于被除数18<除数70,所以比较结束,可得十位上的商为4。

最后,再用被除数18与新除数7作比较。有被除数18>除数7,则可以用18连续减去2个7。此时,被除数更新为4,又由于被除数4<除数7,所以比较结束,可得个位上的商为2。

减法模拟过程结束,可得298/7=42。

使用C++程序,实现上述模拟过程,即在结构体bignum中,重载运算符"/",实现高精度除以高精度的模拟算法,如下所示。

```
bignum operator / (bignum x){
    bignum tmp,a,b;
    tmp.init();
    for (int i = 0;i < N;i++) a.d[i] = d[i];
    for (int i = 30;i >= 0;i--){
        b.init();                                          //语句1
        for (int j = 0;j + i < N;j++) b.d[j + i] = x.d[j]; //语句2
        while (!(a < b)) a = a - b,tmp.d[i]++;
    }
    return tmp;
}
```

注意:(语句2)构造新的除数,即在低位补0,因此,构造的新的大整数$b.d[i]$需要初始化为0,此处使用的是(如语句1)b.init()实现清0。

编写程序:

根据以上算法解析,可以编写程序如图11.3所示。

```
00 #include<bits/stdc++.h>
01 using namespace std;
02 int const N=25000;
03 struct bignum{
04     int d[N];
05     void read(){
06         char s[N+5];
07         cin>>s;
08         int n=strlen(s);
09         for (int i=0;i<n;i++) d[i]=s[n-1-i]-'0';
10         for (int i=n;i<N;i++) d[i]=0;
11     }
12     void print(){
13         int pos=N-1;
14         while (pos>0&&!d[pos]) pos--;
15         for (int i=pos;i>=0;i--) cout<<d[i];
16         cout<<endl;
17     }
18     void init(){
```

图 11.3

```
19            for (int i=0;i<N;i++) d[i]=0;
20        }
21        bool operator<(bignum x){
22            for (int i=N-1;i>=0;i--) if (d[i]!=x.d[i]) return d[i]<x.d[i];
23            return 0;
24        }
25        bignum operator-(bignum x){
26            bignum tmp;
27            for (int i=0;i<N;i++) tmp.d[i]=d[i]-x.d[i];
28            for (int i=0;i<N-1;i++)
29                if (tmp.d[i]<0){
30                    tmp.d[i]+=10;
31                    tmp.d[i+1]--;
32                }
33            return tmp;
34        }
35        bignum operator/(bignum x){
36            bignum tmp,a,b;
37            tmp.init();
38            for (int i=0;i<N;i++) a.d[i]=d[i];
39            for (int i=30;i>=0;i--){
40                b.init();
41                for (int j=0;j+i<N;j++) b.d[j+i]=x.d[j];
42                while (!(a<b)) a=a-b,tmp.d[i]++;
43            }
44            return tmp;
45        }
46    }A,B,C;
47    int main(){
48        A.read();
49        B.read();
50        C=A/B;
51        C.print();
52    }
```

图 11.3(续)

运行结果：

程序说明：

根据题意，对于 100% 的数据有 $n,m \leqslant 6250!$，因 6250 之内的每个数均小于 10^4，可估算 $N<(10^4)^{6250}$，由此可知，N 设置为 25000 即可。同样的方法，因答案 $\leqslant 13!$，$13!<(10^2)^{13}$ 可以估算出答案在 30 位以内。

图中第 36 行定义了 2 个大整数 a 和 b，用于存放被除数和构造的新除数，避免被除数在计算过程中被更新的问题。图中第 39 行，因为答案商在 30 位以内，所以商 i 从 30 开始，往低位构造新的除数即可。图中第 42 行，因为程序中只重载了运算符"<"，所以 $a>=b$ 使用 $(a<b)$ 代替。

2）带余数的高精度除以高精度

【例 11.4】 大整数除以大整数。给出正整数 n 和 m，请计算 $n \div m$，输出商带余数的形式。

输入：一行，两个正整数 n 和 m。

输出：两行，分别表示 $n \div m$ 的商和余数。

说明：

对于 60%的数据：$n,m \leqslant 750!$，答案 $\leqslant 7!$。

对于 100%的数据：$n,m \leqslant 6250!$，答案 $\leqslant 13!$。

样例输入：

```
1000 333
```

样例输出：

```
3
1
```

算法解析：

在图 11.3 的 35～45 行重载运算符“/”的程序中，tmp 存储的是除法的商，而 a 最终存储的结果就是除法的余数。如果需要对取模运算符“%”进行重载，仅需保留与取模相关的语句，最后直接返回 a 即可。参考程序如图 11.4 所示。

```
00 #include<bits/stdc++.h>
01 using namespace std;
02 int const N=25000;
03 struct bignum{
04     int d[N];
05     void read(){
06         char s[N+5];
07         cin>>s;
08         int n=strlen(s);
09         for (int i=0;i<n;i++) d[i]=s[n-1-i]-'0';
10         for (int i=n;i<N;i++) d[i]=0;
11     }
12     void print(){
13         int pos=N-1;
14         while (pos>0&&!d[pos]) pos--;
15         for (int i=pos;i>=0;i--) cout<<d[i];
16         cout<<endl;
17     }
18     void init(){
19         for (int i=0;i<N;i++) d[i]=0;
20     }
21     bool operator<(bignum x){
22         for (int i=N-1;i>=0;i--) if (d[i]!=x.d[i]) return d[i]<x.d[i];
23         return 0;
24     }
25     bignum operator-(bignum x){
26         bignum tmp;
27         for (int i=0;i<N;i++) tmp.d[i]=d[i]-x.d[i];
28         for (int i=0;i<N-1;i++)
29             if (tmp.d[i]<0){
30                 tmp.d[i]+=10;
31                 tmp.d[i+1]--;
32             }
33         return tmp;
34     }
35     bignum operator/(bignum x){
36         bignum tmp,a,b;
37         tmp.init();
38         for (int i=0;i<N;i++) a.d[i]=d[i];
39         for (int i=30;i>=0;i--){
40             b.init();
41             for (int j=0;j+i<N;j++) b.d[j+i]=x.d[j];
42             while (!(a<b)) a=a-b,tmp.d[i]++;
43         }
44         return tmp;
45     }
46     bignum operator%(bignum x){
47         bignum tmp,a,b;
48         tmp.init();
49         for (int i=0;i<N;i++) a.d[i]=d[i];
50         for (int i=30;i>=0;i--){
51             b.init();
52             for (int j=0;j+i<N;j++) b.d[j+i]=x.d[j];
53             while (!(a<b)) a=a-b;
54         }
55         return a;
56     }
57 }A,B,C,r;
58 int main(){
59     A.read();
60     B.read();
61     C=A/B;
62     r=A%B;
63     C.print();
64     r.print();
65 }
```

图 11.4

运行结果：

成果篮

本节课你有什么收获？

第 12 课　算法实践园

导学牌

（1）掌握高精度算法的基本思想。

（2）学会使用高精度算法解决大整数的加、减、乘、除等运算问题。

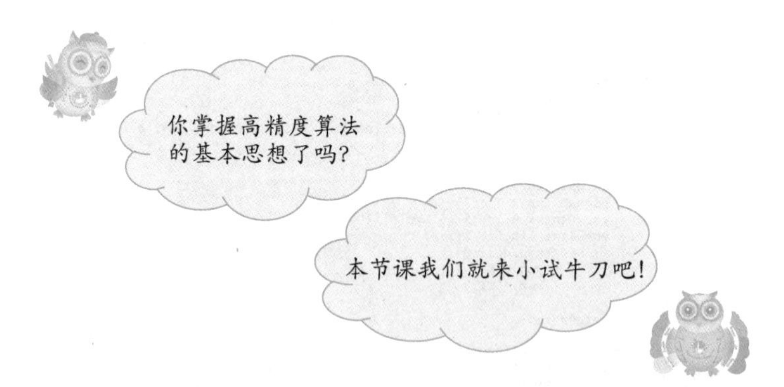

实践园一：高精度加法

【题目描述】 高精度加法相当于 $a+b$ 问题，不用考虑负数。

输入：分两行输入。$a, b \leqslant 10^{500}$。

输出：输出只有一行，代表 $a+b$ 的值。

注：题目出自 https://www.luogu.com.cn/problem/P1601。

样例输入 1：

```
1
1
```

样例输出 1：

```
2
```

样例输入 2：

```
1001
9099
```

样例输出 2：

```
10100
```

实践园一参考程序：

```
#include<bits/stdc++.h>
using namespace std;
struct bignum{
    int d[501];
    void read(){
        char s[501];
```

```
        cin >> s;
        int n = strlen(s);
        for(int i = 0;i < n;i++) d[i] = s[n - 1 - i] - '0';
        for(int i = n;i <= 500;i++) d[i] = 0;
    }
    void print(){
        int pos = 500;
        while(pos > 0&&!d[pos]) pos--;
        for(int i = pos;i >= 0;i--)
            cout << d[i];
        cout << endl;
    }

    bignum operator + (bignum x){
        bignum tmp;
        for(int i = 0;i <= 500;i++) tmp.d[i] = d[i] + x.d[i];
        for(int i = 0;i < 500;i++){
            if(tmp.d[i]>= 10){
                tmp.d[i] -= 10;
                tmp.d[i + 1]++;
            }
        }
        return tmp;
    }
};
bignum A,B,C;
int main(){
    A.read();
    B.read();
    C = A + B;
    C.print();
    return 0;
}
```

实践园二：高精度减法

【题目描述】 高精度减法相当于 $a-b$ 问题，第二个数可能比第一个大。

输入：分两行输入。

输出：结果(是负数要输出负号)。

说明：对于 20%数据，a,b 在 long long 范围内；对于 100%数据，$0<a,b\leqslant 10^{10086}$。

注：题目出自 https://www.luogu.com.cn/problem/P2142。

样例输入 1：

```
2
1
```

样例输出 1：

```
1
```

样例输入 2：

```
1001
9099
```

样例输出 2：

```
-8098
```

实践园二参考程序：

```
#include<bits/stdc++.h>
using namespace std;
struct bignum{
    int d[11001];
    void read(){
        char s[11001];
        cin>>s;
        int n=strlen(s);
        for(int i=0;i<n;i++) d[i]=s[n-1-i]-'0';
        for(int i=n;i<11001;i++) d[i]=0;
    }
    void print(){
        int pos=11000;
        while(pos>0&&!d[pos]) pos--;
        for(int i=pos;i>=0;i--)
            cout<<d[i];
        cout<<endl;
    }
    bool operator<(bignum x){
        for(int i=11000;i>=0;i--)
            if(d[i]!=x.d[i]) return d[i]<x.d[i];
        return 0;
    }
    bignum operator-(bignum x){
        bignum tmp;
        for(int i=0;i<=11000;i++) tmp.d[i]=d[i]-x.d[i];
        for(int i=0;i<11000;i++){
            if(tmp.d[i]<0){
                tmp.d[i]+=10;
                tmp.d[i+1]--;
            }
        }
        return tmp;
    }
};
bignum A,B,C;
int main(){
    A.read();
    B.read();
    if(A<B){
        C=B-A;
        cout<<"-";
        C.print();
    }else{
        C=A-B;
        C.print();
    }
    return 0;
}
```

实践园三：大整数的因子

【题目描述】 已知正整数 k 满足 $2 \leqslant k \leqslant 9$，现给出长度最大为 30 位的十进制非负整数 c，求所有能整除 c 的 k。

输入：一个非负整数 c，c 的位数 $\leqslant 30$。

输出：只有一行，即 n!的值。若存在满足 $c\%k==0$ 的 k，从小到大输出所有这样的 k，相邻两个数之间用单个空格隔开；若没有这样的 k，则输出 none。

注：题目出自 http://noi.openjudge.cn/ch0106/13/。

样例输入：

```
30
```

样例输出：

```
2 3 5 6
```

实践园三参考程序：

```
#include<bits/stdc++.h>
using namespace std;
const int N=35;
struct bignum{
    int d[N+1];
    void read(){
        char s[N+1];
        cin>>s;
        int n=strlen(s);
        for(int i=0;i<n;i++) d[i]=s[n-1-i]-'0';
        for(int i=n;i<N+1;i++) d[i]=0;
    }
    void print(){
        int pos=N;
        while(pos>0&&!d[pos]) pos--;
        for(int i=pos;i>=0;i--)
            cout<<d[i];
        cout<<endl;
    }
    int operator%(int x){
        int res=0;
        for (int i=N;i>=0;i--) res=(res*10+d[i])%x;
        return res;
    }
}n;
vector<int> ans;
int main(){
    n.read();
    for (int k=2;k<=9;k++){
        if ((n%k)==0){
            ans.push_back(k);
        }
    }
    if (!ans.size()){
        cout<<"none"<<endl;
    } else {
```

```
        cout << ans[0];
        for (int i = 1;i < ans.size();i++) cout << ' '<< ans[i];
        cout << endl;
    }
    return 0;
}
```

实践园四：求 10000 以内 n 的阶乘

【题目描述】 求 10000 以内 n 的阶乘。

输入：只有一行输入，整数 n，$0\leqslant n\leqslant 10000$。

输出：只有一行，即 n!的值。

注：题目出自 http://noi.openjudge.cn/ch0106/14/。

样例输入：

```
100
```

样例输出：

```
93326215443944152681699238856266700490715968264381621468592963895217599993229915608941463976156518286253697920827223758251185210916864000000000000000000000000
```

实践园四参考程序：

```
#include < bits/stdc++.h >
using namespace std ;
struct bignum{
    int d[40001];
    void read(){
        char s[40001];
        cin >> s;
        int n = strlen(s);
        for(int i = 0;i < n;i++) d[i] = s[n - 1 - i] - '0';
        for(int i = n;i < 40001;i++) d[i] = 0;
    }
    void print(){
        int pos = 40000;
        while(pos > 0&&!d[pos]) pos -- ;
        for(int i = pos;i >= 0;i -- )
            cout << d[i];
        cout << endl;
    }
    bignum operator * (int x){
        bignum tmp;
        for(int i = 0;i < 40001;i++) tmp.d[i] = d[i] * x;
        for(int i = 0;i < 40000;i++){
            tmp.d[i + 1] += tmp.d[i]/10;
            tmp.d[i] % = 10;
```

```
        }
        return tmp;
    }
}ans;
int n;
int main(){
    cin>>n;
    ans.d[0] = 1;
    for(int i = 2;i <= n;i += 2){
        if (i == n) ans = ans * i;
        else ans = ans * (i * (i + 1));
    }
    ans.print();
    return 0;
}
```

实践园五：阶乘和

【题目描述】 用高精度计算出 $S=1!+2!+3!+\cdots+n!(n\leqslant 50)$。其中“!”表示阶乘，例如：5!=5 * 4 * 3 * 2 * 1。

输入：一个正整数 N。

输出：值计算结果 S。

注：题目出自 http://noi.openjudge.cn/ch0106/15/。

样例输入：

```
5
```

样例输出：

```
153
```

实践园五参考程序：

```
#include<bits/stdc++.h>
using namespace std ;
const int N = 500;
struct bignum{
    int d[N + 1];
    void read(){
        char s[N + 1];
        cin>>s;
        int n = strlen(s);
        for(int i = 0;i < n;i++) d[i] = s[n - 1 - i] - '0';
        for(int i = n;i < N + 1;i++) d[i] = 0;
    }
    void print(){
        int pos = N;
        while(pos > 0&&!d[pos]) pos -- ;
        for(int i = pos;i >= 0;i -- )
            cout << d[i];
        cout << endl;
    }
```

```
    bignum operator * (int x){
        bignum tmp;
        for(int i = 0;i < N + 1;i++) tmp.d[i] = d[i] * x;
        for(int i = 0;i < N;i++){
            tmp.d[i + 1] += tmp.d[i]/10;
            tmp.d[i] % = 10;
        }
        return tmp;
    }
    bignum operator + (bignum x){
        bignum tmp;
        for (int i = 0;i < N;i++) tmp.d[i] = d[i] + x.d[i];
        for (int i = 0;i < N;i++) if (tmp.d[i]> = 10){
            tmp.d[i] -= 10;
            tmp.d[i + 1]++;
        }
        return tmp;
    }
}ans,res;
int n;
int main(){
    cin>> n;
    res.d[0] = 1;
    for (int i = 1;i < = n;i++){
        res = res * i;
        ans = ans + res;
    }
    ans.print();
    return 0;
}
```

Chapter 3

第3章

排序算法

排序算法其实就是将一组数据元素按指定的要求重新排列的过程，比如，让某班的孩子们按从高到矮的顺序排成一队等。在《小学生 C++ 编程入门》一书中，我们已经初步探索了三种初级排序算法，分别是冒泡排序、选择排序以及插入排序。相信有这些基础的同学们对排序算法的基本思想并不陌生。排序算法常常是我们解决某些问题的前提，虽然 C++ 标准库中已经为我们提供一个非常成熟的 sort 排序函数，但学习排序算法仍有重要意义。

本章将介绍桶排序、基数排序、归并排序、快速排序和算法实践园。

第13课 桶 排 序

导学牌

(1) 掌握桶排序的基本思想。

(2) 初步掌握动态数组 vector 的使用。

(3) 学会使用桶排序算法解决单关键字的分数排序。

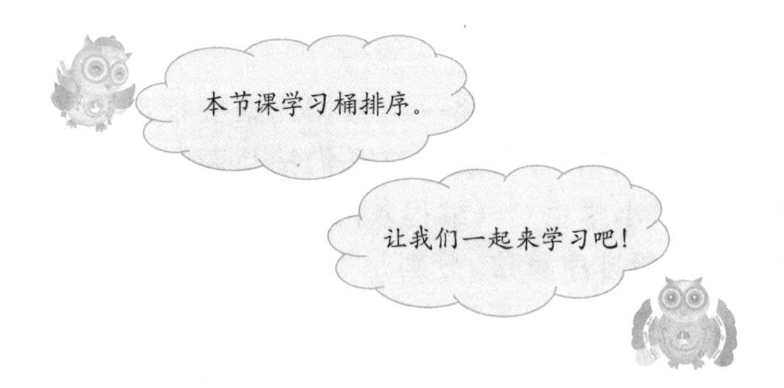

学习坊

1. 桶排序的基本思想

先从一个简单的例子入手,给定 n 个 0~10 的整数,将它们从小到大排序。如给定序列(6,2,6,4,8)从小到大排成序列(2,4,6,6,8)。你能想到什么好的算法解决这个问题吗?

【分析】 我们可以找 11 个桶,并给桶编号为 0~10,如图 13.1 所示。每出现一个数,就在对应编号的桶中插入 1 根木棒。很容易发现 2、4、8 号桶中插入了 1 根木棒,表示 2、4、8 分别出现了 1 次,6 号桶中插入了 2 根木棒,表示 6 出现了 2 次。接下来只需要按从小到大的顺序依次遍历每个桶,如果桶里有几个木棒,就输出相应次数的桶编号。最后就实现了将序列按从小到大的顺序排列。

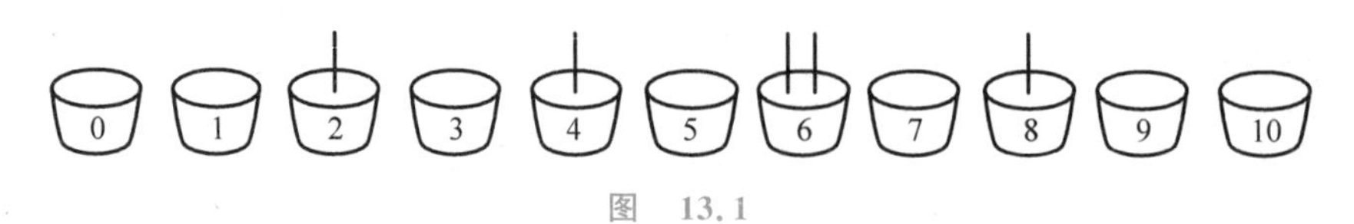

图 13.1

我们可以借助一个一维数组实现以上算法,如图 13.2 所示。

上述分析可以看成是一个桶排序算法的简单应用。桶排序的基本思想是将待排序的元素分到有限数量的桶里,然后依次处理每个桶内的元素。图 13.2 中定义了一个普通数组 $a[11]$来解决问题。很多时候,我们使用动态数组 vector 可以更加方便地实现算法。

```
00   #include<bits/stdc++.h>
01   using namespace std;
02   int a[11],n,x;
03   int main(){
04       cin>>n;
05       for(int i=1;i<=n;i++){
06           cin>>x;
07           a[x]++;  //往对应编号的桶中插入木棒
08       }
09       for(int i=0;i<=10;i++)  //依次遍历每个桶
10         for(int j=1;j<=a[i];j++)  //出现几次就输出几次
11           cout<<i<<" ";  //依次输出桶的编号
12       return 0;
13   }
```

图 13.2

动态数组 vector 是 C++标准模板库提供的一个封装了动态大小数组的容器，它可以存放各种类型的对象，可以将它简单地看成是一个能够存放任何类型的动态数组。使用 vector 函数需要包含相应的头文件，即 #include < vector >。

2. vector

在之前的学习中，我们通常使用普通数组解决问题，所以需要根据给定的数据规模来定义数组的大小，如果数组大小定义大了，会存在空间浪费，如果定义小了，又很容易造成数组越界的问题。动态数组 vector 就可以很好地解决这个问题。

1）vector 的定义

一维动态数组的一般格式如下：

```
vector <类型> name
```

说明：一维动态数组 name 相当于一维数组 name[size]，但其大小 size 是根据需要发生变化的，所以无须事先确定大小，用多少即多大，因此比较节省空间。vector 中的类型可以是任何基本类型，如 int、double 等，也可以是结构体类型，甚至可以是 vector 类型。

二维动态数组的一般格式如下：

```
vector <类型> name[size]
```

说明：二维动态数组 name[size]是指定义了一个大小为 size 的一维 vector，相当于大小可变的二维数组 name[][]。

例如：

```
vector < int > a;                //定义一个类型为 int 的一维动态数组 a
vector < node > b;               //定义一个类型为结构体的一维动态数组 b
vector < vector < int > > c;     //定义一个类型为 vector < int > 的一维动态数组 c,> >之间有空格
vector < double > s[101];        //定义一个类型为 double 的二维动态数组 s
```

2）vector 的访问

与普通数组的访问方法类似，可以通过下标进行访问。访问一、二维动态数组的一般格

式如下：

```
name[下标];            //访问一维动态数组
name[下标 1][下标 2];   //访问二维动态数组
```

例如：

```
a[10]                  //访问一维动态数组 a 的第 11 个元素
s[10][5]               //访问二维动态数组 s[10]的第 6 个元素
```

3）vector 常用函数

vector 的函数有很多，这里仅介绍常用函数，假设定义 vector<int> a，如表 13.1 所示。

表 13.1

函数名	函数功能
a.push_back(x)	在动态数组 a 后面添加一个元素 x，时间复杂度为 $O(1)$
a.pop_back()	删除 a 中最后一个元素，时间复杂度为 $O(1)$
a.size()	获取 a 的长度，初始时为 0，时间复杂度为 $O(1)$
a.clear()	清空 a 中所有元素，时间复杂度为 $O(N)$
a.empty()	判断 a 是否为空，空返回 true，非空返回 false
a.resize(n)	向 a 预分配 n 个元素的存储空间

【例 13.1】 分数排序。有 n 个学生，给出他们的考试分数（0～100），要求将所有人的成绩按照从高分到低分输出。

输入：共 $n+1$ 行，第一行输入 n；接下来 n 行，每行输入整数 id、score，表示一个学生的学号和分数。

输出：共 n 行，逐行输出每个学生的学号和分数，按照分数从高到低排序。

样例输入：

```
5
202201 94
202202 96
202203 93
202204 94
202205 95
```

样例输出：

```
202202 96
202205 95
202201 94
202204 94
202203 93
```

算法解析：

根据题意，可以创建一个结构体存储学生信息（id，score），然后自定义比较函数 cmp，再调用 sort 函数。时间复杂度为 $O(n\log n)$。学习了桶排序算法，我们可以更高效地解决这个问题。

从题目中可以得知分数的范围很小（0～100），我们可以看成有 101 个桶，分别用来存放 n 个学生的学号 id，若这个学生的 score 是 i，则记录他的学号 id，整个过程用去 $O(n)$ 的时间。然后，按照从高到低的顺序依次访问每个桶，逐个输出 n 个学生的信息，这个过程用去 $O(n+101)$ 的时间。如果桶的个数为 k（k 指被排序的数据范围），则桶排序的时间复杂度为 $O(n+k)$，这个时间复杂度是线性的，如图 13.3 所示。

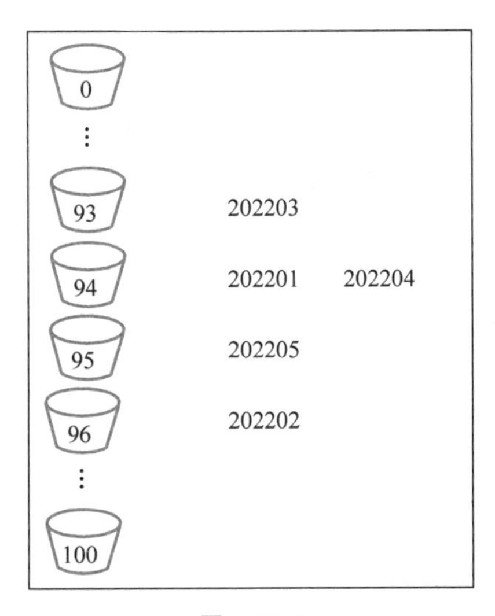

图 13.3

从图 13.3 中可以看出,94 号桶放了两个学号,即 94 分的有两位同学,对于相同分数的学生,桶排序会按照输入顺序将他们的信息输出。由此可见,桶排序是稳定的。

编写程序:

根据以上算法解析,可以编写程序如图 13.4 所示。

```
00 #include<bits/stdc++.h>
01 using namespace std;
02 vector<int> s[101];
03 int n,id,score;
04 int main(){
05     cin>>n;
06     for(int i=0;i<n;i++){
07         cin>>id>>score;
08         s[score].push_back(id);   //向对应score的vector中添加元素id
09     }
10     for(int i=100;i>=0;i--){      //从高分往低分，依次遍历每个vector
11         for(int j=0;j<s[i].size();j++){
12             cout<<s[i][j]<<' '<<i<<endl;//输出vector内每个id及成绩i
13         }
14     }
15     return 0;
16 }
```

图 13.4

运行结果:

```
5
202201 94
202202 96
202203 93
202204 94
202205 95
202202 96
202205 95
202201 94
202204 94
202203 93
```

思考：桶排序的弊端是什么？

桶排序算法受限于被排序的数据范围，因此，当待排序的数据范围太大（如 $0\sim10^9$）时，就无法使用桶排序的算法完成。

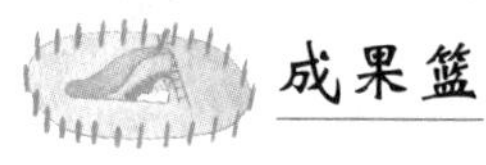

成果篮

本节课你有什么收获？

第 14 课　基数排序

导学牌

（1）掌握基数排序的基本思想。

（2）学会使用基础排序解决双关键字的分数排序。

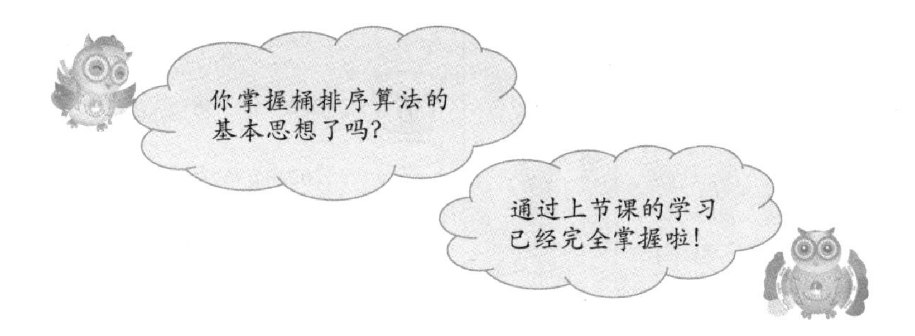

学习坊

基数排序的基本思想：基数排序可以看成是桶排序的一种延伸，不同于桶排序的是，基础排序所考虑的待排序列不止一个关键字。如例 13.1 中待排序列的关键字只有一个 score，这是桶排序。而例 14.1 中待排序列有两个关键字 score1 和 score2，这就是基数排序。

【例 14.1】　分数排序。有 n 个学生，给出他们的期中和期末考试分数（0～100），要求将所有人的成绩按照期末成绩从高到低输出，如果期末成绩相同，再按照期中考试成绩从高分到低分输出。

输入：共 $n+1$ 行，第一行输入 n；接下来 n 行，每行输入整数 id、score1、score2，分别表示一个学生的学号、期中考试和期末考试成绩。

输出：共 n 行，逐行输出每个学生的学号和分数，按照分数从高到低排序。

样例输入：

```
5
202201 92 94
202202 93 96
202203 90 93
202204 96 94
202205 95 95
```

样例输出：

```
202202 93 96
202205 95 95
202204 96 94
202201 92 94
202203 90 93
```

算法解析：

在桶排序算法一课中，我们知道桶排序算法是稳定的，如果出现关键字（分数）相同，则按输入顺序输出。这给了我们很大的提示，当出现多个关键字时，可以将次关键字先排好序，然后再排主关键字。比如本题中的次关键字是期中成绩，主关键字是期末成绩。

首先，用桶排序将成绩按（次关键字）期中考试从高到低排序，如图 14.1 所示。

将以上排好序的成绩保存下来，并清空桶内元素，以此制造出一个以期中成绩为关键字的输入数组。

再用桶排序将成绩按（主关键字）期末考试从高到低排序，如图 14.2 所示。

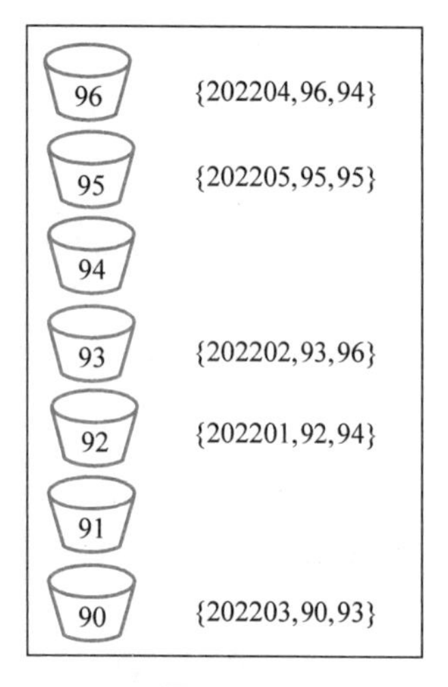

图 14.1

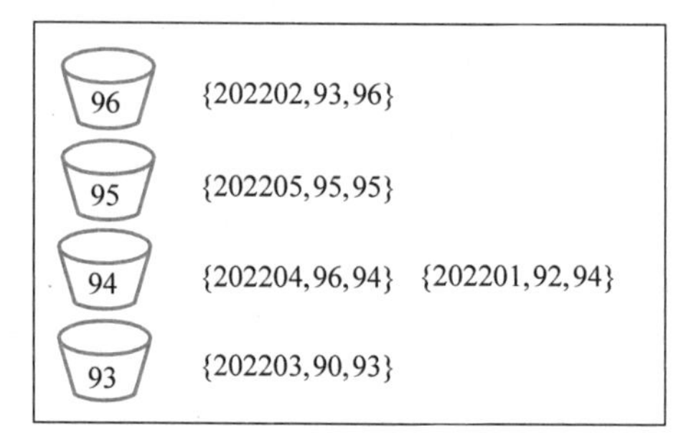

图 14.2

最后将排好序的成绩保存后，依次输出学生的信息即可。

编写程序：

根据以上算法解析，可以编写程序如图 14.3 所示。

```
00 #include<bits/stdc++.h>
01 #define pb push_back
02 using namespace std;
03 int n;
04 struct stu{
05     int id,score1,score2;
06 };
07 vector<stu> s[101],A;
08 int main(){
09     cin>>n;
10     for(int i=0;i<n;i++){
11         int x,y,z;
12         cin>>x>>y>>z;
13         A.pb((stu){x,y,z});  //向A中添加结构体类型的元素
14     }
15     //按照score1排序
16     for(int i=0;i<=100;i++) s[i].clear();
17     for(int i=0;i<n;i++) s[A[i].score1].pb(A[i]);
18     A.clear();  //清空A
19     for(int i=100;i>=0;i--){
20         for(int j=0;j<s[i].size();j++)
21           A.pb(s[i][j]);  //将按期中考试排好序的成绩保存在A中
22     }
23     //按照score2排序
24     for(int i=0;i<=100;i++) s[i].clear();  //清空s[101]
25     for(int i=0;i<n;i++) s[A[i].score2].pb(A[i]);
26     A.clear();
27     for(int i=100;i>=0;i--){
28         for(int j=0;j<s[i].size();j++)
29           A.pb(s[i][j]);  //将按期末考试排好序的成绩保存在A中
30     }
31     for(int i=0;i<n;i++)
32       cout<<A[i].id<<" "<<A[i].score1<<" "<<A[i].score2<<endl;
33     return 0;
34 }
```

图 14.3

运行结果：

```
5
202201 92 94
202202 93 96
202203 90 93
202204 96 94
202205 95 95
202202 93 96
202205 95 95
202204 96 94
202201 92 94
202203 90 93
```

程序说明：

在程序中，因多次使用 push_back()函数，为了简化程序，可以使用宏定义命令 define，将一个标识符定义成一个字符串，用该字符串替换标识符，如程序中的第 1 行"#define pb push_back"是指用 pb 替代"push_back"。

成果篮

本节课你有什么收获？

第 15 课　归并排序

导学牌

(1) 掌握合并排序的基本思想并学会使用程序实现合并排序。

(2) 掌握归并排序的基本思想并学会使用程序实现归并排序。

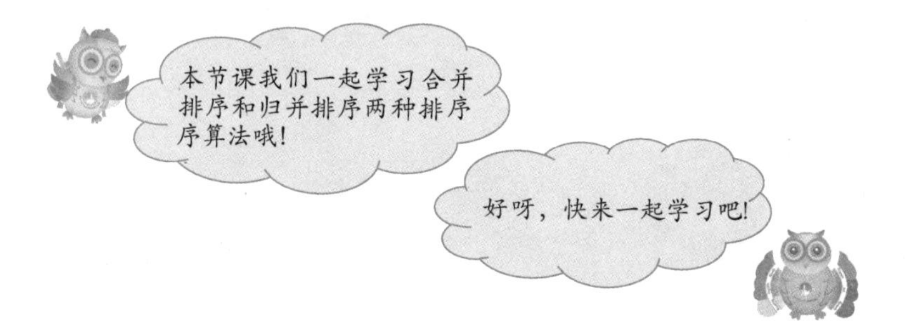

学习坊

1. 合并排序

合并排序的基本思想就是将两个或两个以上的有序序列合并成一个新的有序序列。

【例 15.1】　给定两个有序序列 $a_1,a_2,a_3,\cdots,a_n$ 和 $b_1,b_2,b_3,\cdots,b_n$，要求将序列 a 和 b 合并成一个新的有序序列 c，并将新序列 c 按从小到大的顺序输出。

输入：共两行，第一行输入 n 和 m，第二、三行分别是有序序列 a 和 b（a_i，b_i 均为 0～100）。

输出：共一行，按从小到大输出新的有序序列 c。

样例输入：

```
3 4
1 4 6
2 5 7 9
```

样例输出：

```
1 2 4 5 6 7 9
```

算法解析：

根据题意，如果直接使用 sort() 函数，需要用去 $(n+m)\log(n+m)$ 的时间，但序列 a 和 b 均为有序序列，所以可以使用更高效的算法解决这类问题。

将重新排好序的序列存放在 c 中，那么有

$c_1 = \min(a_1, b_1)$（假设 $c_1 = a_1$）

$c_2 = \min(a_2, b_1)$（假设 $c_2 = b_1$）

$c_3 = \min(a_2, b_2)$

按照这样的方法继续比较下去，便可以依次确定 $c_1, c_2, \cdots$ 直到 c_{n+m} 的值。它的时间复杂度为 $O(n+m)$。

以样例为例，首先设两个变量 p 和 q 分别指向序列 a 和 b 的首元素位置，即 $p=1$ 和 $q=1$，然后每次比较 $a[p]$和 $b[q]$的值，若 $a[p]<b[q]$，则有 $c_i=a[p]$，$p++$；反之 $c_i=b[q]$，$q++$，如图 15.1 所示。

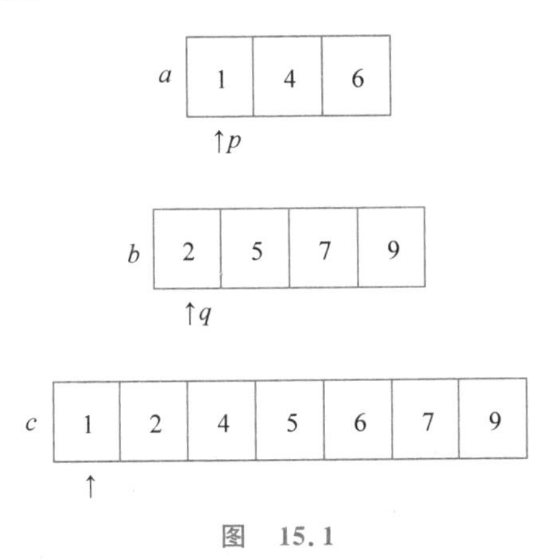

图 15.1

编写程序：

根据以上算法解析，可以编写程序如图 15.2 所示。

```
00 #include<bits/stdc++.h>
01 using namespace std;
02 int a[105],b[105],c[205];
03 int n,m;
04 int main(){
05     cin>>n>>m;
06     for(int i=1;i<=n;i++) cin>>a[i];
07     for(int i=1;i<=m;i++) cin>>b[i];
08     int p=1,q=1;  //p和q分别指向a和b的首元素位置
09     for(int i=1;i<=n+m;i++){
10         if(a[p]<b[q]&&p<=n||q>m){//若a[p]<b[q]或b已被选完，选a[p]
11             c[i]=a[p];
12             p++;
13         }else{  //否则选b[q]
14             c[i]=b[q];
15             q++;
16         }
17     }
18     for(int i=1;i<=n+m;i++) cout<<c[i]<<" ";
19     return 0;
20 }
```

图 15.2

运行结果：

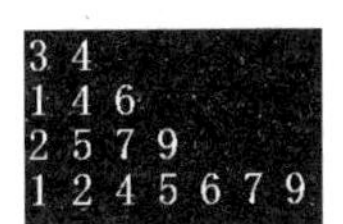

```
3 4
1 4 6
2 5 7 9
1 2 4 5 6 7 9
```

2. 归并排序

归并排序是经典的排序算法，它的核心思想是分治。所谓分治，就是将原问题划分成两个或两个以上的子问题，再将子问题划分成更小的子问题……直到最后子问题可以直接求解，然后再合并求出原问题的解。归并排序就是基于这样的思想，将原序列划分成两个子序列，再递归地排序这两个子序列，最后归并成一个完整的有序序列。

【例 15.2】 请用归并排序将给定序列 $a_1, a_2, a_3, \cdots, a_n$ 从小到大排序。

输入：共两行，第一行输入 n，第二行输入序列 $a(a_i < 10^5)$。

输出：共一行，按从小到大输出新的序列。

样例输入：

```
8
9 5 7 2 6 3 8 4
```

样例输出：

```
2 3 4 5 6 7 8 9
```

算法分析：

根据归并排序的基本思想，先将原序列划分成两段长度为 $n/2$ 的子序列，然后分别将两个子序列排序，再将它们合并。

对长度为 $n/2$ 的子序列排序时，再递归地划分成两段长度为 $n/4$ 的子序列，进行归并排序，然后再合并。

对长度为 $n/4$ 的子序列排序时，再递归地划分成两段长度为 $n/8$ 的子序列，进行归并排序，然后再合并。

以此类推，直到对长度为 1 的子序列排序时，就可以直接返回了。

对于合并的过程，在例 15.1 中，已经详细介绍，在此不做赘述。

归并排序的时间复杂度是 $O(n\log n)$，因为每个元素只会被合并 $\log n$ 次。

以样例为例，如图 15.3 所示。

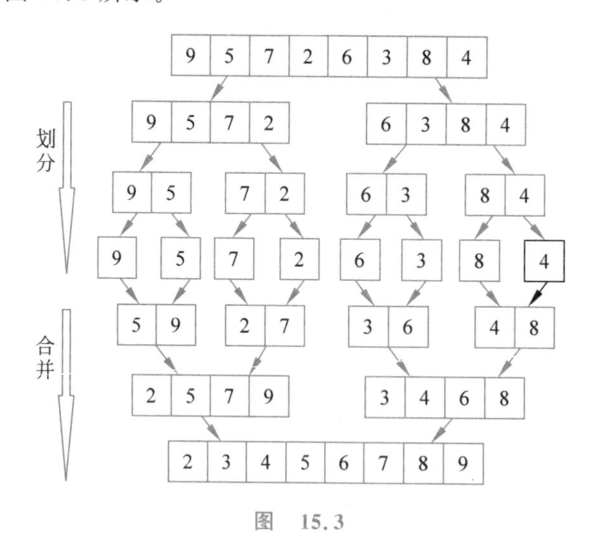

图 15.3

编写程序：

根据以上算法解析，可以编写程序如图 15.4 所示。

```
00 #include<bits/stdc++.h>
01 using namespace std;
02 int const maxn=1e5+5;
03 int N,A[maxn],a[maxn],b[maxn],c[maxn],n,m;
04 void solve(int l,int r){
05     if(l==r) return;
06     int mid=(l+r)/2;
07     solve(l,mid);
08     solve(mid+1,r);
09     n=0;m=0;
10     for(int i=l;i<=mid;i++) a[++n]=A[i];  // 将A[l]...A[mid]存放在a中
11     for(int i=mid+1;i<=r;i++) b[++m]=A[i];//将A[mid+1]...A[r]存放在b中
12     //a，b合并排序，存放在c中
13     int p=1,q=1;
14     for(int i=1;i<=n+m;i++)
15       if(q==m+1||p<=n&&a[p]<b[q])
16         c[i]=a[p++];
17       else c[i]=b[q++];
18     for(int i=l;i<=r;i++) A[i]=c[i-l+1]; //将合并好的c再存放回A中
19 }
20 int main(){
21     cin>>N;
22     for(int i=1;i<=N;i++) cin>>A[i];
23     solve(1,N);
24     for(int i=1;i<=N;i++) cout<<A[i]<<" ";
25     cout<<endl;
26     return 0;
27 }
```

图 15.4

运行结果：

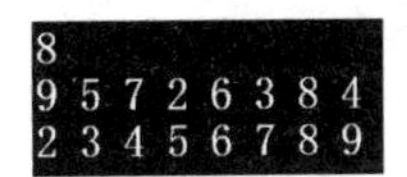

成果篮

本节课你有什么收获？

第16课　快速排序

导学牌

(1) 掌握快速排序的基本思想。

(2) 学会使用程序实现快速排序。

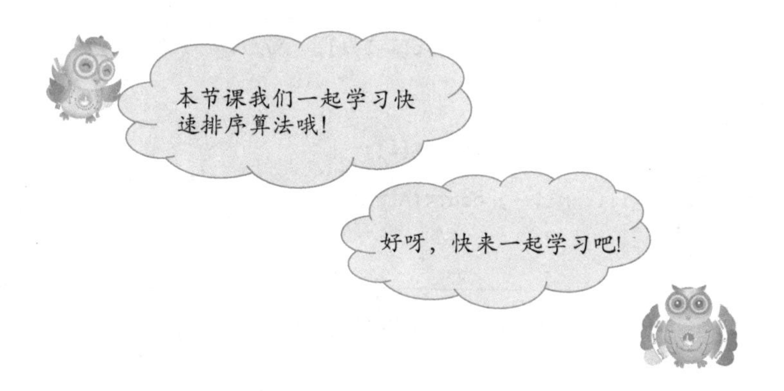

学习坊

快速排序同归并排序一样,也是经典的基于分治思想的排序算法。

快速排序的基本思想是在待排序列中任选一个元素作为基准元素,将序列中小于或等于基准元素的元素都放到它的左侧,将大于它的元素都放到它的右侧,至此基准元素就找到了它在序列中该出现的位置,同时将序列划分成前、后两个区间。在两个区间上使用同样的方法继续划分,直到每个区间中只包含一个元素或为空,整个排序过程就结束了。

快速排序显然也是一个递归过程,它与归并排序的区别在于:归并排序是先递归,再合并,而快速排序是先让序列大致有序,再递归。

【例16.1】 请用快速排序将给定序列 $a_1, a_2, a_3, \cdots, a_n$ 从小到大排序。

输入:共两行,第一行输入 n,第二行是序列 a($a_i < 10^5$)。

输出:共一行,按从小到大输出新的序列。

样例输入:

```
6
5 3 6 4 7 8
```

样例输出:

```
3 4 5 6 7 8
```

算法分析:

根据快速排序的基本思想,首先任选一个元素作为基准元素 tmp,然后以 tmp 为界,将序列分成两个区间：[1，mid－1]和[mid＋1，n]，前一个区间的所有元素都小于或等于tmp，后一个区间的所有元素都大于tmp，最后tmp就落在位置mid上，一趟快速排序结束。也就说一次划分后，原序列由左区间[1，mid－1]、中间元素mid和右区间[mid＋1，n]三个子序列组成。然后再对两个无序的左、右区间递归地调用快速排序即可。

以样例为例，快速排序一次划分的具体实现过程如图16.1所示。假设两个扫描变量l和r，最初分别位于下标为1和6的位置上，即初始化$l=1$，$r=6$。

图 16.1

编写程序：

根据以上算法解析，可以编写程序如图16.2所示。

```
00  #include<bits/stdc++.h>
01  using namespace std;
02  const int maxn=1e5+5;
03  int a[maxn],n;
04  void quick_sort(int L,int R){
05      if(L>=R) return;
06      int tmp=a[L],l=L,r=R;
07      while(l<r){
08          while(l<r&&a[r]>tmp) --r;  //找到右侧第1个<tmp的位置
09          a[l]=a[r];                 //将该值放到左侧
10          while(l<r&&a[l]<=tmp) ++l; //找到左侧第1个>=tmp的位置
11          a[r]=a[l];                 //将该值放到右侧
12      }
13      int mid=l;
14      a[mid]=tmp;  //一次排序后，将tmp放到位置mid上
15      quick_sort(L,mid-1);  //递归排序前一个区间
16      quick_sort(mid+1,R);  //递归排序后一个区间
17  }
18
19  int main(){
20      cin>>n;
21      for(int i=1;i<=n;i++) cin>>a[i];
22      random_shuffle(a+1,a+n+1);  //将序列a随机打乱
23      quick_sort(1,n);
24      for(int i=1;i<=n;i++) cout<<a[i]<<" ";
25      cout<<endl;
26      return 0;
27  }
```

图 16.2

运行结果：

```
6
5 3 6 4 7 8
3 4 5 6 7 8
```

程序说明：

快速排序的平均时间复杂度为 $O(n\log n)$，但是当待排序列有序时，快排时间复杂度会退化至 $O(n^2)$，为了避免这样的情况发生，可以事先将待排序列随机打乱，如图 16.2 中第 22 行，使用函数 random_shuffle()将序列 a 随机打乱。

成果篮

本节课你有什么收获？

第17课　算法实践园

导学牌

(1) 掌握多种排序算法的基本思想。

(2) 学会使用多种排序算法解决实际问题。

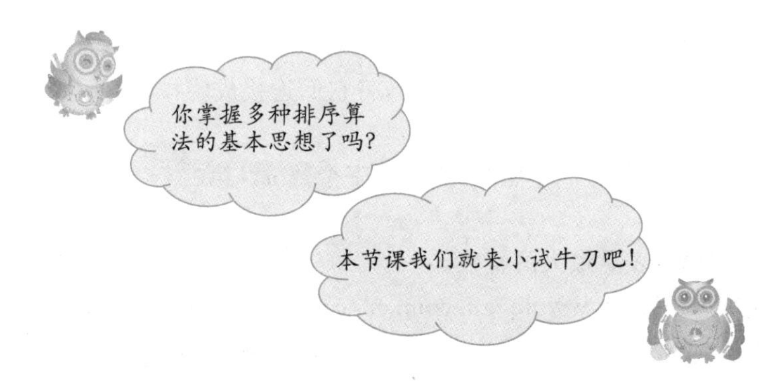

实践园一：排序

【题目描述】 实现对$[0,10^9-1]$以内的数从小到大排序，要求使用第14课学习的基数排序实现。

输入：共两行。第一行为一个整数 n；第二行包含 n 个整数。

输出：共一行，将 n 个整数按从小到大的顺序输出。

样例输入：

```
5
3 2 4 5 1
```

样例输出：

```
1 2 3 4 5
```

实践园一参考程序：

```
#include<bits/stdc++.h>
#define pb push_back
using namespace std;
vector<int> A,s[10];
int n,p[9];
int main(){
    cin >> n; A.resize(n);                    //预分配n个元素的存储空间
    for (int i=0;i<n;i++) cin >> A[i];
    p[0]=1; for (int i=1;i<=8;i++) p[i]=p[i-1]*10;
    for (int d=0;d<9;d++){
        for (int i=0;i<10;i++) s[i].clear();
```

```
        for (int i = 0;i < n;i++){
            int x = (A[i]/p[d]) % 10;
            s[x].pb(A[i]);
        }
        A.clear();
        for (int i = 0;i < 10;i++)
            for (int j = 0;j < s[i].size();j++){
                int x = s[i][j];
                A.pb(x);
            }
    }
    for (int i = 0;i < n;i++) cout << A[i] << ' '; cout << endl;
}
```

实践园二：拼数

【题目描述】 设有 n 个正整数 $a_1,\cdots,a_n$，将它们连接成一排，相邻数字首尾相接，组成一个最大的整数。

输入：共两行。第一行有一个整数，表示数字个数 n。第二行有 n 个整数，表示给出的 n 个整数 a_i。

输出：一个正整数，表示最大的整数。

注：题目出自 https://www.luogu.com.cn/problem/P1012。

样例输入 1：

```
3
13 312 343
```

样例输出 1：

```
34331213
```

样例输入 2：

```
4
7 13 4 246
```

样例输出 2：

```
7424613
```

实践园二参考程序：

```
#include <bits/stdc++.h>
using namespace std;
string s[30];                                   //字符串
int n;
bool cmp(string a,string b){
      if(a + b > b + a) return 1;                //语句 1
    return 0;
}
int main(){
    cin >> n;
     for(int i = 1;i <= n;i++) cin >> s[i];
     sort(s + 1,s + n + 1,cmp);                 //排序
     for(int i = 1;i <= n;i++) cout << s[i];
    return 0;
}
/* 语句 1,如果写成 a > b,则出现 5550 > 55 的情况。因此,写成 a + b > b + a 可以避免以上情况,如
555055 < 555550 */
```

实践园三：学生会选举

【题目描述】 学校正在选举学生会委员，有 $n(n\leqslant 999)$ 名候选人，每名候选人编号分别从 1 到 n，现在收集到 $m(m\leqslant 2000000)$ 张选票，每张选票都写了一个候选人编号。现在想把这些堆积如山的选票按照投票数字从小到大排序。

输入：输入 n 和 m 以及 m 个选票上的数字。

输出：共一行，求出排序后的选票编号。

注：题目出自 https://www.luogu.com.cn/problem/P1271。

样例输入：

```
5 10
2 5 2 2 5 2 2 2 1 2
```

样例输出：

```
1 2 2 2 2 2 2 2 5 5
```

实践园三参考程序：

```
//算法 1:直接使用 sort 函数
#include<bits/stdc++.h>
using namespace std;
int n,m;
int a[2000005];
int main(){
    cin>>n>>m;
    for(int i=1;i<=m;i++) cin>>a[i];
    sort(a+1,a+m+1);
    for(int i=1;i<=m;i++) cout<<a[i]<<' ';
    return 0;
}

//算法 2:桶排序
#include<bits/stdc++.h>
using namespace std;
int n,m;
int a[2000005],t[1000];                    //t 代表桶
int main(){
    cin>>n>>m;
    for(int i=1;i<=m;i++){
        cin>>a[i];
        ++t[a[i]];                         //a[i]出现的次数+1
    }
    for(int i=1;i<=n;i++)
        for(int j=1;j<=t[i];j++) cout<<i<<' ';
    return 0;
}
```

实践园四：排序

请分别使用归并排序和快速排序完成洛谷网站中的 P1177。

【题目描述】 将读入的 N 个数从小到大排序后输出。

输入：共两行。第一行为一个正整数 N。第二行包含 N 个以空格隔开的正整数 a_i，为需要进行排序的数。

输出：将给定的 N 个数从小到大输出，数之间以空格隔开，行末换行且无空格。

注：题目出自 https://www.luogu.com.cn/problem/P1177。

样例输入：

```
5
4 2 4 5 1
```

样例输出：

```
1 2 4 4 5
```

归并排序参考程序见例 15.2。

快速排序参考程序如下。

```
#include<bits/stdc++.h>
using namespace std;
const int maxn = 1e5 + 5;
int a[maxn],n;
void quick_sort(int L,int R){
    if(L>=R) return;
    int tmp = a[L],l = L,r = R;
    while(l<r){
        if(l<r&&a[r]>=tmp) --r;              //找到右侧第 1 个<=tmp 的位置
        a[l] = a[r];                          //将该值放到左侧
        if(l<r&&a[l]<=tmp) ++l;              //找到左侧第 1 个>=tmp 的位置
       a[r] = a[l];                           //将该值放到右侧
    }
    int mid = r;
    a[mid] = tmp;                             //一次排序后,将 tmp 放到位置 mid 上
    quick_sort(L,mid-1);                      //递归排序前一个区间
    quick_sort(mid+1,R);                      //递归排序后一个区间
}
int main(){
    cin>>n;
    for(int i=1;i<=n;i++) cin>>a[i];
    random_shuffle(a+1,a+n+1);               //将序列 a 随机打乱
    quick_sort(1,n);
    for(int i=1;i<=n;i++) cout<<a[i]<<" ";
    cout<<endl;
    return 0;
}
```

Chapter 4

第4章 贪心算法

在实际生活中，我们常常需要求解一些问题的最优解。贪心算法就是求解这一类问题的一种算法。它总是不断贪心地选取当前最优策略的算法。贪心算法的基本思想就是通过局部最优从而得到全局最优的解决方案。

所有能使用贪心算法解决的问题，在数学上都是可以严格证明的，但是在程序设计竞赛中，快速解题是非常重要的，当直觉上可以使用贪心算法时，则无须进行严格的证明。这种直觉的培养需要大量地做题来积累。当你想出一个算法，但却无法提交成功，首先需要弄清楚是算法有问题，还是算法的实现有问题。如果是算法本身有问题，可以尝试自行构造一些数据，使得算法出现错误(称作 hack)，从而进一步理解贪心算法为何出错。本书中仅介绍常见的贪心算法，不作严格证明。

本章将介绍变形生物、部分背包、删数问题、线段覆盖、最佳奶牛队伍和算法实践园。

第18课 变形生物

导学牌

学会使用贪心算法解决变形生物问题。

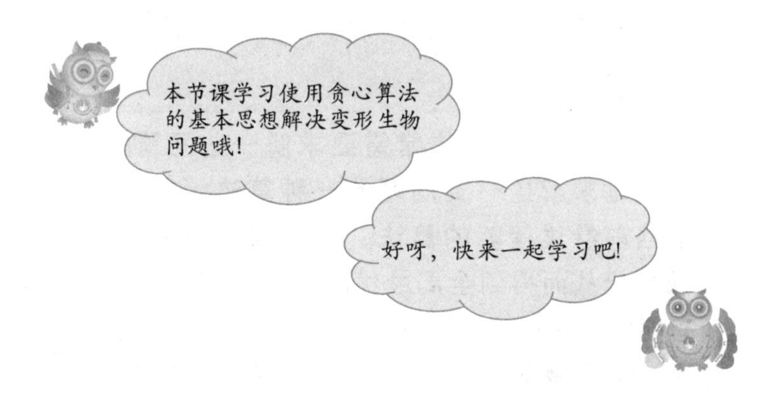

学习坊

【例 18.1】 变形生物。生物学家发明了一种新生命形式，命名为 Stripies。它是一种透明的变形虫似的生物，生活在果冻状营养培养基扁平菌落中。Stripies 大部分时间在移动，当两个 Stripies 相撞时，会生成一个新变形生物。经过长期研究，生物学家发现新变形生物的体重并不等于消失的两个 Stripies 的质量之和。如果质量分别为 m_1 和 m_2 的 Stripies 相撞，生成新变形生物的质量变为 $2*\sqrt{m_1*m_2}$。现在生物学家想知道，如果 Stripies 两两相撞至只剩一个时，最后生成的这个新变形生物的最小质量是多少？请你编写程序帮助生物学家回答这个问题。

输入：第一行输入 n(1～100)表示 Stripies 的数量；接下来的 n 行输入 Stripies 的质量 m(1～1000)。

输出：输出最小质量，保留至小数点后 3 位。

注：题目出自 http://poj.org/problem?id=1862。

样例输入：

```
3
72
30
50
```

样例输出：

```
120.000
```

算法解析：

根据题意，最优策略是每次选择两个质量最大的 Stripies 进行合并，这就是贪心算法的基本思想。即当 Stripies 数量 $n>=3$ 时，每次选择两个质量最大的 Stripies 进行合并，合并后得到的质量依然最大，然后再继续和剩下的质量最大的 Stripies 进行合并，按这样的方式进行合并，直到合并至只剩下一个为止，最终得到的新变形生物的质量肯定是最小的。

编写程序：

根据以上算法解析，可以编写程序如图 18.1 所示。

```
00 #include<iostream>
01 #include<cmath>
02 #include<algorithm>
03 using namespace std;
04 double a[105];
05 int n;
06 int main(){
07     cin>>n;
08     for(int i=1;i<=n;i++) cin>>a[i];
09     sort(a+1,a+n+1);       //将质量从小到大排序
10     for(int i=n;i>1;i--)  //倒序合并
11       a[i-1]=2.0*sqrt(a[i-1]*a[i]);
12     printf("%.3f",a[1]);
13     return 0;
14 }
```

图 18.1

运行结果：

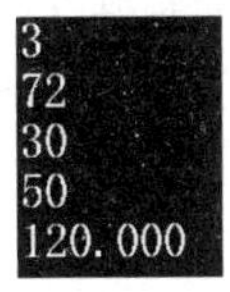

程序说明：

该例题来源于北京大学的在线测评网站 http://poj.org，需要注意的是此网站不接受万能头文件 #include <bits/stdc++.h>，所以在编写程序时要包含程序中可能使用到的头文件库。

成果篮

本节课你有什么收获？

第 19 课　部分背包

导学牌

学会使用贪心算法解决部分背包问题。

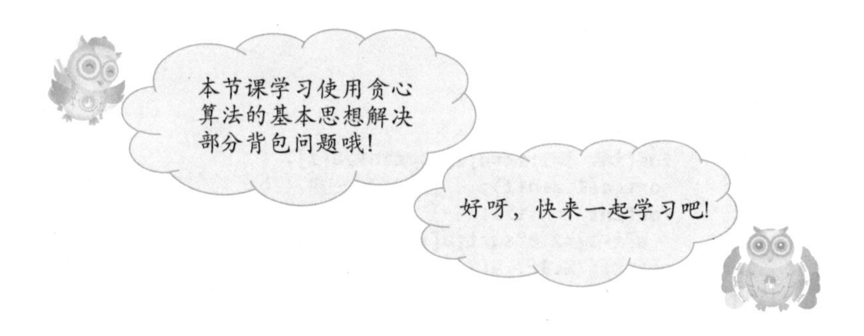

学习坊

【例 19.1】　部分背包问题。阿里巴巴走进了装满宝藏的藏宝洞。藏宝洞里面有 $N(N\leqslant 100)$ 堆金币，第 i 堆金币的总质量和总价值分别是 m_i、v_i $(1\leqslant m_i, v_i\leqslant 100)$。阿里巴巴有一个承重量为 $T(T\leqslant 1000)$ 的背包，但并不一定有办法将全部的金币都装进去。他想装走尽可能多价值的金币。所有金币都可以随意分割，分割完的金币质量价值比（也就是单位价格）不变。请问阿里巴巴最多可以拿走多少价值的金币？

输入：第一行两个整数 N、T。接下来 N 行，每行两个整数 m_i、v_i。

输出：一个实数表示答案，输出两位小数。

注：题目出自 https://www.luogu.com.cn/problem/P2240。

样例输入：

```
4 50
10 60
15 45
30 120
20 100
```

样例输出：

```
240.00
```

算法解析：

这是一道经典的可分割背包问题。因为背包容量有限，要想拿走价值尽可能多的金币，相同质量下，肯定优先拿走单位价格更高的金币。所以只需要将金币的单价从高往低排序，然后按顺序将整堆金币放入背包，如果整堆金币放不进去，就将这一堆金币分割到刚好能装进去为止。以样例为例，已知 4 堆金币，质量 m_i，价值 v_i，单价 $r_i(r_i=v_i/m_i)$，如表 19.1 所示。

表 19.1

金币 i	质量 m_i	价值v_i	单价 $r_i=v_i/m_i$
第 1 堆	10	60	6
第 2 堆	15	45	3
第 3 堆	30	120	4
第 4 堆	20	100	5

按照贪心策略，将单价从高到低排序，如表 19.2 所示。

表 19.2

金币 i	质量 m_i	价值v_i	单价 $r_i=v_i/m_i$
第 1 堆	10	60	6
第 4 堆	20	100	5
第 3 堆	30	120	4
第 2 堆	15	45	3

现假设背包容量为 50，可以拿走第 1 堆金币（$m_1=10$）、第 4 堆金币（$m_4=20$），第 3 堆拿走部分金币（$m_3=20$）。很容易计算出总价值 $ans=v_1+v_4+r_3*m_3=60+100+4*20=240$。

编写程序：

根据以上算法解析，可以编写程序如图 19.1 所示。

```
00 #include<bits/stdc++.h>
01 using namespace std;
02 double ans,T;
03 struct gold{
04     double m,r;        //质量和单位价值
05 }a[105];
06 bool cmp(gold u,gold v){
07     return u.r>v.r;  //单位价值按从高到低排序
08 }
09 int n;
10 int main(){
11     cin>>n>>T;
12     for(int i=1;i<=n;i++){
13         double x,y;
14         cin>>x>>y;
15         a[i].m=x;     //第i堆的质量
16         a[i].r=y/x;  //第i堆金币的单位价值
17     }
18     sort(a+1,a+n+1,cmp);
19     for(int i=1;i<=n;i++){
20         if(a[i].m<T){
21             T-=a[i].m;
22             ans+=a[i].r*a[i].m;
23         }else{
24             ans+=T*a[i].r;  //装下部分金币
25             break;
26         }
27     }
28     printf("%.2f",ans);
29     return 0;
30 }
```

图 19.1

运行结果：

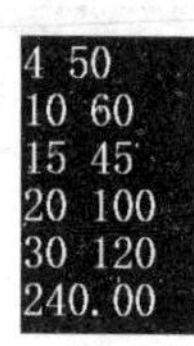

```
4 50
10 60
15 45
20 100
30 120
240.00
```

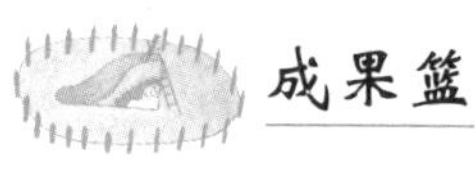

成果篮

本节课你有什么收获？

第20课　删数问题

导学牌

学会使用贪心算法解决删数问题。

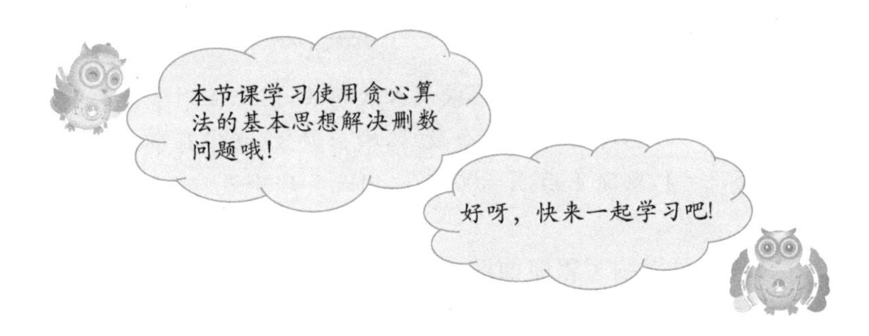

学习坊

【例 20.1】　删数问题。输入一个高精度的正整数 N(不超过 250 位),去掉其中任意 k 个数字后剩下的数字按原左右次序将组成一个新的非负整数。编程对给定的 N 和 k,寻找一种方案使得剩下的数字组成的新数最小。

输入：第一行输入一个高精度的正整数 n。第二行输入一个正整数 k,表示需要删除的数字个数。

输出：输出一个整数,即最后剩下的最小数。

注：题目出自 https://www.luogu.com.cn/problem/P1106。

样例输入：

```
175438
4
```

样例输出：

```
13
```

算法解析：

根据题意,选取的贪心策略是每一次都选择删去一个能使剩下的数最小的数字。由于题目要求读入的是一个高精度正整数,因此采用字符串的形式读入该数。

具体贪心策略如下。

(1) 从高位依次向低位扫描：若各位数字递增,则删除最后一个数字,如假设 $n=12345$,则删除 5,更新 $n=1234$,重复这个过程,删除 k 次,剩下的数就是删除 k 个数后的最小数,假设 $n=12345,k=3$,依次删除 5、4、3 后,更新 $n=12$。

(2) 从高位依次向低位扫描：若出现递减,则删除递减区间的第一个数字,如假设 $n=$

13265，则删除3，更新$n=1265$；回到串首重新从高向低扫描，删除递减区间的第一个数字6，更新$n=125$，此时的n满足第(1)种各位数字呈递增的情况，如还需要继续删除数字，则删除最后一个数字即可。假设$n=13265$，$k=3$，依次删除3、6、5后，更新$n=12$。

以样例$n=175438$，$k=4$为例，删除过程如表20.1所示。

表 20.1

当前数n	删除第k个数	删除后的新数
$n=175438$	删除7	15438
$n=15438$	删除5	1438
$n=1438$	删除4	138
$n=138$	删除8	13

注意：由于该题中采用的是字符串的形式读入大整数，因此在删除k个数后，还需要特别注意处理字符串的前导零问题，即要删除k个数后，输出新数(新字符串)时要删除最前面的若干个0，如$n=1000785$，$k=1$，删除1后，$n=000785$，因此要删除最前面的前导0，即$n=785$。

编写程序：

根据以上算法解析，可以编写程序如图20.1所示。

```
00 #include<bits/stdc++.h>
01 using namespace std;
02 char a[1001];
03 int k,len;
04 int main(){
05     cin>>a>>k;
06     len=strlen(a);
07     for(int i=1;i<=k;i++){           //依次删除k个数
08         for(int j=0;j<len;j++){
09             if(a[j]>a[j+1]){         //如果当前位大于后一位
10                 for(int l=j;l<len;l++)//依次移位实现删除
11                   a[l]=a[l+1];
12                 len--;               //字符串长度减1
13                 break;
14             }
15         }
16     }
17     int t=0;
18     while(t<len&&a[t]=='0') t++; //统计前导0的个数
19     if(t==len) cout<<"0";        //如果全是0，则输出1个0
20     else                         //否则从第1个非0位上开始输出该数
21       for(int i=t;i<len;i++)
22         cout<<a[i];
23     return 0;
24 }
```

图 20.1

运行结果：

成果篮

本节课你有什么收获？

第21课 线段覆盖

导学牌

(1) 初步掌握 pair 的使用方法。

(2) 学会使用贪心算法解决线段覆盖问题。

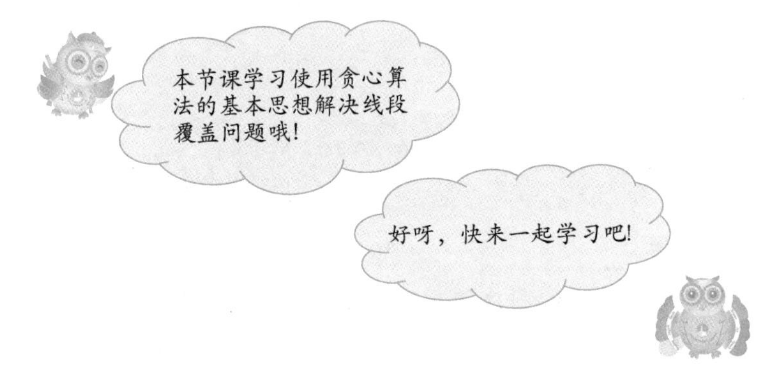

学习坊

1. pair 变量的定义

pair 是一种模板类型,它的功能相当于一个含有两个成员变量(或两个关键字)的结构体,这两个成员变量分别是 first 和 second,可以直接使用,无须再定义。使用 pair 须添加头文件#include<utility>。pair 变量的一般格式如下:

```
pair<类型 1,类型 2>变量名
```

说明:类型 1 和类型 2 可以是同一类型或者不同类型,它们分别对应两个关键字 first 和 second 的数据类型,可以是任意基本数据类型或者容器。

例如:

```
pair<float, float> p1    //定义一个 pair 类型 p1,关键字 first 和 second 都是 float 类型
pair<string, int> p2     //定义一个 pair 类型 p2,关键字 first 和 second 分别是 string 和 int 类型
```

2. pair 变量的引用

定义 pair 类型变量后,就可以引用(或访问)该变量了。引用方式同结构体一样。

引用 pair 变量成员(两个关键字)的一般格式如下:

```
变量名.first
```

或者

```
变量名.second
```

例如：

```
p1.first                //访问 pair 类型变量 p1 的第 1 个关键字 first
p1.second               //访问 p1 的第 2 个关键字 second
```

3. pair 的初始化

pair 类型初始化与结构体类型一样，可以在定义时直接初始化(未初始化的，自动执行默认初始化操作，即赋值为 0)。

例如：

```
pair<int, float> p3(1, 1.2);          //p3.first = 1,p3.second = 1.2
pair<int, int> p4;                    //p4.first = 0,p4.second = 0
```

4. pair 的常见操作

pair 可以直接进行大小比较、排序等。比较或排序的规则均是先以第 1 关键字 first 作为标准，如果第 1 关键字 first 相等，再以第 2 关键字 second 作为标准。

例如：

```
pair<int,int> p5(3,4);                //定义并初始化 p5
pair<int,int> p6(2,1);                //定义并初始化 p6
if(p5 > p6) cout <<"yes"<< endl;      //比较 p5 和 p6
```

5. 类型定义 typedef

在 C++中，我们还可以使用 typedef 语句创建一个已经定义好的数据类型的别名，特别是在一些原有数据类型较长时，使用 typedef 创建一个别名就可以很好地增强程序的可读性。typedef 语句的一般格式如下：

```
typedef 原有类型名 新类型名
```

例如：

```
typedef pair<int,int> pi;   //创建新类型 pi,即 pi 是一个两个参数均为 int 的 pair 类型
pi a[N];                    //定义 pi 类型的数组 a
```

【例 21.1】 pair 的使用实例如图 21.1 所示。

说明：例 21.1 实现的是将 pair 类型的数组 a 按从小到大排序，如读入 3 组数据(2,3)(2,1)(1,4)将会输出(1,4)(2,1)(2,3)。从输出结果可以看出先按照第 1 关键字从小到大排序，如果第 1 关键字相等，再按第 2 关键字从小到大排序。

```
00 #include<bits/stdc++.h>
01 using namespace std;
02 int const N=1e6+5;
03 typedef pair<int,int> pi;  //创建新类型pi，它是pair类型
04 pi a[N];  //定义pi类型的数组a
05 int n;
06 int main(){
07     cin>>n;
08     for(int i=0;i<n;i++)
09       cin>>a[i].first>>a[i].second;
10     sort(a,a+n);  //先按第1关键first排序，再按第2关键字second排序
11     for(int i=0;i<n;i++)
12       cout<<a[i].first<<" "<<a[i].second<<endl;
13     return 0;
14 }
```

图 21.1

【例 21.2】 线段覆盖。快 NOIP 比赛了，阳阳很紧张。现在各大在线网站上有 n 场模拟比赛，已知每场比赛的开始时间和结束时间。阳阳认为参加的模拟比赛越多，最后 NOIP 正式比赛的成绩就会越好。如果要求必须善始善终且不能同时参加 2 场及以上的模拟比赛。他想知道最多能参加几场模拟比赛。

输入：第一行是一个整数 $n(1\leqslant n\leqslant 10^6)$；接下来 n 行每行是 2 个整数 a_i、$b_i(0\leqslant a_i<b_i\leqslant 10^6)$，表示比赛开始时间和结束时间。

输出：输出一个整数，表示最多参加的比赛数目。

注：题目出自 https://www.luogu.com.cn/problem/P1803。

样例输入：

```
4
1 3
3 5
4 6
6 8
```

样例输出：

```
3
```

算法解析：

这是一个典型的区间贪心问题，即给出 n 个区间，从中选取尽可能多的两两不相交的区间个数。根据题意，给定 n 场比赛的开始时间和结束时间，即给出 n 个区间$[a,b]$，求出最多可以参加多少场比赛，即最多求出多少个两两不相交的区间。以样例为例的比赛场次安排如表 21.1 所示。

表 21.1

比赛场次 i	开始时间 a_i	结束时间 b_i
场次 1	1	3
场次 2	3	5
场次 3	4	6
场次 4	6	8

根据表 21.1 的比赛场次安排，可以转化成更直观的图示，如图 21.2 所示。

从图 21.2 中，我们可以很清晰地看出，阳阳最多可以参加三场比赛，分别是{场次 1、场次 2，场次 4}或者{场次 1，场次 3，场次 4}（答案不唯一）。

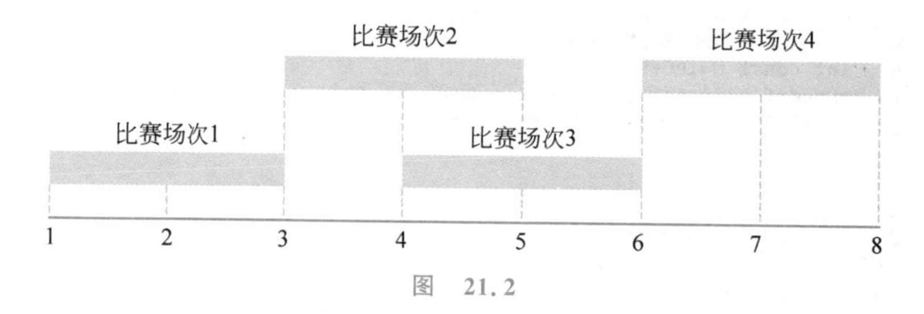

图 21.2

对于这样的区间调度问题，我们选取的贪心策略是每次选取结束时间最早的比赛。

编写程序：

根据以上算法解析，可以编写程序如图 21.3 所示。

```
00 #include<bits/stdc++.h>
01 #define F first  //将first用F代表
02 #define S second //将second用S代表
03 using namespace std;
04 typedef pair<int,int>pi;
05 int const N=1e6+5;
06 pi a[N];
07 int n;
08 int main(){
09     cin>>n;
10     for(int i=0;i<n;i++)
11       cin>>a[i].S>>a[i].F; //将结束时间放在第1关键字排序
12     sort(a,a+n);           //将数组a按第1关键字结束时间排序
13     int last=0,ans=0;      //last记录上一场比赛结束时间
14     for(int i=0;i<n;i++)
15       if(a[i].S>=last){
16         ans++;
17         last=a[i].F;
18       }
19     cout<<ans<<endl;
20     return 0;
21 }
```

图 21.3

运行结果：

```
4
1 3
3 5
4 6
6 8
3
```

【总结】

通过本章前几课贪心算法的学习，我们很容易发现，在贪心问题中，按照某种规律进行排序往往是关键的一步。

本节课你有什么收获？

第22课 最佳奶牛队伍

导学牌

学会使用贪心算法解决最佳奶牛队伍问题。

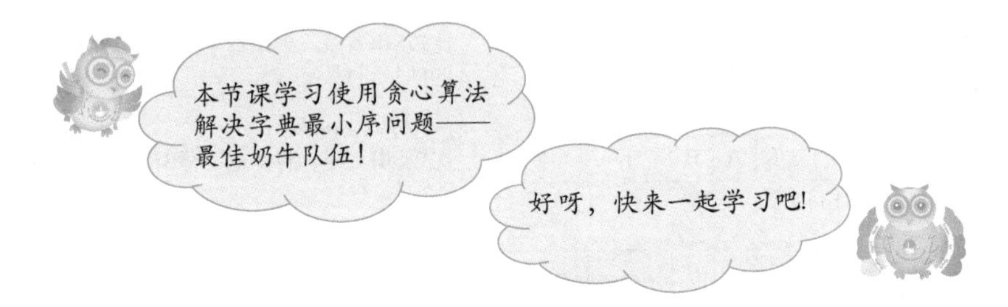

学习坊

【例22.1】 最佳奶牛队伍。农夫约翰将带着他的 $N(1\leqslant N\leqslant 2000)$ 头奶牛参加“年度农民”比赛。在这场比赛中，每个农民把奶牛排成一队。比赛组织者今年采用了一种新登记方案，就是简单地按照每头奶牛出现的顺序登记它们的首字母(例如：贝西、西尔维亚和朵拉，就登记为BSD)。登记结束后，根据首字母串按字典顺序递增对每一组进行判断。农夫约翰今年很忙，必须赶回农场，所以他希望尽早被评判。他决定在登记之前重新安排奶牛队伍。他通过反复将原队列(剩余部分)中的第一头或最后一头牛调整到新队伍的末尾来将奶牛从原队伍编排到新队伍中。最后，农夫约翰用新队伍进行了登记。

题意：给定长度为 n 的字符串S，将串首或串尾的字符添加到新字符串T的末尾，使得新字符串T的字典序最小。

输入：第一行是一个整数 $N(N\leqslant 2000)$，接下来 N 行，每行是单个首字母(A～Z)，是它在原行的位置。

输出：输出字典序最小的字符串，按每行80个字符输出。

注：题目出自 http://poj.org/problem?id=3617。

样例输入：

```
6
A
C
D
B
C
B
```

样例输出：

```
ABCBCD
```

算法解析：

根据题意可知，这是一个字典序最小问题，要让一个字符串字典序尽量小，优先让它的第一个字母尽量小，然后考虑让它的第二个字母尽量小，再考虑第三个……

我们选取的贪心策略是每次比较字符串 S 的首尾字符，将较小的添加到字符串 T 的末尾。当出现首尾字符相同时，再继续比较后续字符，优先选取后续字符较小的一侧添加到 T 的末尾。

以样例为例，初始状态：S="ACDBCB"，T 为空串，如图 22.1 所示。

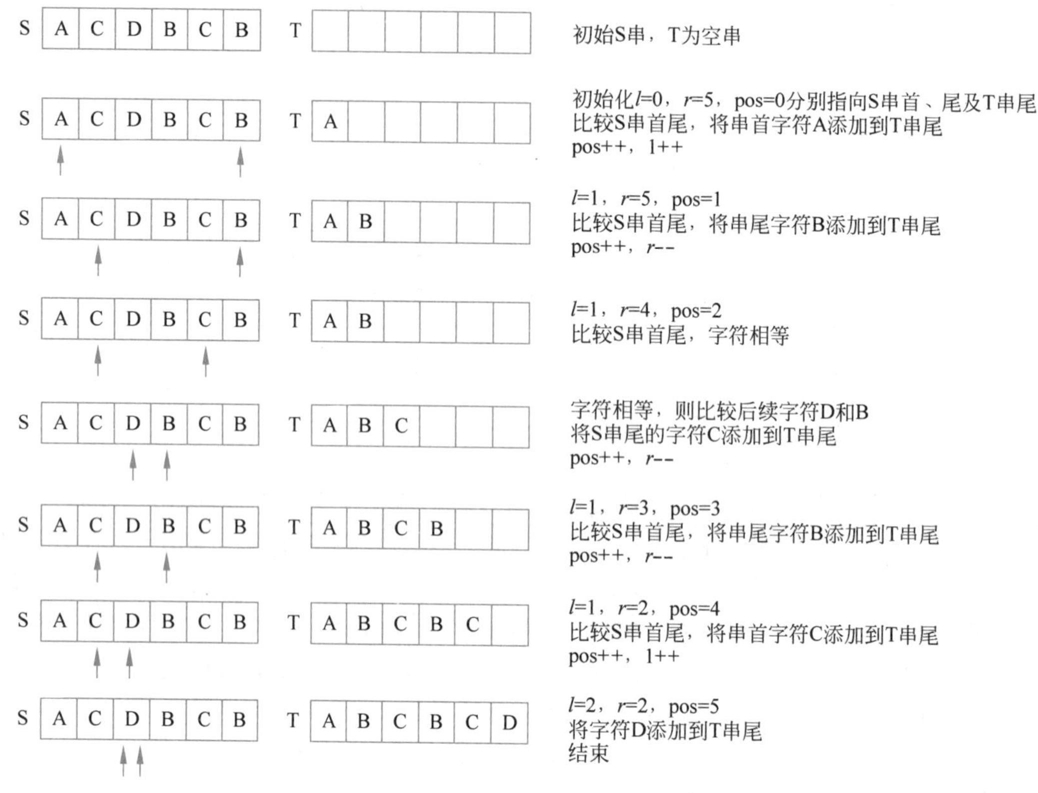

图 22.1

编写程序：

根据以上算法解析，可以编写程序如图 22.2 所示。

```
00 #include<iostream>
01 using namespace std;
02 char ch[2005],ans[2005];
03 int n;
04 int main(){
05     cin>>n;
06     for(int i=0;i<n;i++) cin>>ch[i];
07     int l=0,r=n-1,pos=0;             //l指向串首，r指向串尾
08     while(l<=r){
09         if(ch[l]<ch[r]) {            //串首小
10             ans[pos]=ch[l];          //添加串首
11             pos++,l++;
12         }else if(ch[l]>ch[r]){       //串尾小
```

图 22.2

```
                ans[pos]=ch[r];         //添加串尾
                pos++,r--;
            }else{                      //串首尾相同，比较后续字符
                int a=l,b=r;
                while(a<b&&ch[a]==ch[b]) a++,b--;
                if(ch[a]<ch[b]){        //后续字符的串首小
                    ans[pos]=ch[l];     //添加当前字符的串首
                    pos++,l++;
                }else{
                    ans[pos]=ch[r];     //否则添加当前字符的串尾
                    pos++,r--;
                }
            }
        }
        ans[n]='\0';
        for(int i=0;i<n;i++){
            if(i&&i%80==0) cout<<endl;//按每行80个字符输出
            cout<<ans[i];
        }
        return 0;
}
```

图 22.2（续）

运行结果：

成果篮

本节课你有什么收获？

第 23 课 算法实践园

导学牌

(1) 掌握贪心算法的基本思想。

(2) 学会使用贪心算法解决实际问题。

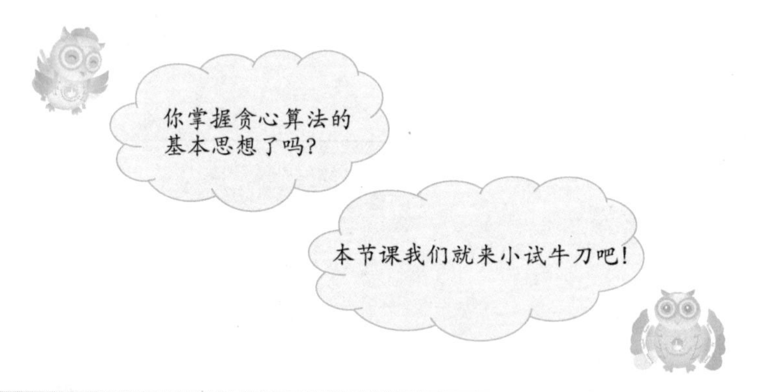

实践园一：硬币问题

【题目描述】 有 1 元、5 元、10 元、50 元、100 元、500 元的硬币各 C_1、C_5、C_{10}、C_{50}、C_{100}、C_{500} 张。现在用这些硬币支付 A 元，至少需要多少硬币(保证至少存在一种支付方案)。

输入：共两行。第一行为 6 个整数，分别代表 C_1、C_5、C_{10}、C_{50}、C_{100}、C_{500} 的张数。第二行，为一个整数，代表需要支付 A 元。

输出：一个整数，代表至少需要硬币的张数。

说明：

对于 100%的数据：$0 \leqslant C_1, C_5, C_{10}, C_{50}, C_{100}, C_{500} \leqslant 10^9$，$0 \leqslant A \leqslant 10^9$。

注：题目出自《挑战程序设计竞赛(第 2 版)》。

样例输入：

```
3 2 1 3 0 2
620
```

样例输出：

```
6//(1 张 500 元、2 张 50 元、1 张 10 元、2 张 5 元，合计 6 张)
```

实践园一参考程序：

```
#include<bits/stdc++.h>
using namespace std;
```

```
int v[6] = {1,5,10,50,100,500};
int a[6],A,ans;
int main(){
    for(int i = 0;i < 6;i++) cin >> a[i];
    cin >> A;
    for(int i = 5;i >= 0;i--){          //倒序,优先使用大面值的硬币
        int x = min(a[i],A/v[i]);     //使用 x 张该面值的硬币
        ans += x;
        A -= x * v[i];
    }
    cout << ans << endl;
    return 0;
}
```

实践园二：删除字符

【题目描述】 输入一个字符串，可以将它任意位置的字符删除，剩下的字符连接起来。现在希望通过删除字符（可以不删除），使得到的字符串由尽可能多的 abc 连起来。例如 s="abacbabc"，删除第三个和第五个字符后，得到了 abcabc，即 2 个 abc 相连。

输入：一个字符 s，s$\leqslant 10^5$。

输出：一个整数，代表子串 abc 的个数。

样例输入：

```
abacbabc
```

样例输出：

```
2
```

实践园二参考程序：

```
#include <bits/stdc++.h>
using namespace std ;
const int N = 1e5 + 5;
char s[N];
int n,ans;
int main(){
    cin >> s;
    n = strlen(s);
    int p = 0;        //p = 0 表示当前找'a',p = 1 表示当前找'b',p = 2 表示当前找'c'
    for(int i = 0;i < n;i++){
        if(p == 0&&s[i] == 'a') p = 1;
        if(p == 1&&s[i] == 'b') p = 2;
        if(p == 2&&s[i] == 'c') ans++,p = 0;
    }
    cout << ans << endl;
    return 0;
}
```

实践园三：萨鲁曼军队

【题目描述】 直线上有 n 个点，位置分别为 $x_1, x_2, \cdots, x_n$。现在要求选择若干个点，

给它们标记，然后要求对于每一个点，至少存在一个点与它的距离≤R。现在要求在满足上述条件的情况下，标记尽量少的点。

例如，$n=6$，$x=\{1,7,15,20,30,50\}$，$R=10$，至少选择 3 个点，位置分别是 7、20、50 的点即可。

输入：多组数据测试。每组测试数据包含两行。第一行为两个整数 R 和 n，第二行为 n 个整数 x_i。$1\leqslant n\leqslant 10^3$，$0\leqslant R, x_i\leqslant 10^3$。最终以 $R=n=-1$ 结束测试。

输出：每组测试数据输出一个整数，表示至少需要的点的个数。

注：题目出自 http://poj.org/problem?id=3069。

样例输入：

```
0 3
10 20 20
10 7
70 30 1 7 15 20 50
-1 -1
```

样例输出：

```
2
4
```

实践园三参考程序：

```
#include<iostream>
#include<algorithm>
using namespace std;
int n,r,a[1005];
int main(){
    while(1){
        cin>>r>>n;
        if(n==-1&&r==-1) break;
        for(int i=0;i<n;i++) cin>>a[i];
        sort(a,a+n);
        int ans=0,last=-r-1;
        for(int i=0;i<n;i++){
            if(last+r>=a[i]) continue;
            int j=i;
            while(j+1<n&&a[j+1]<=a[i]+r) j++;
            last=a[j];
            ans++;
        }
        cout<<ans<<endl;
    }
    return 0;
}
```

实践园四：过河问题

【题目描述】 Oliver 与同学们一共 N 人出游，他们走到一条河的东岸边，想要过河到西岸。而东岸边有一条小船。船太小了，一次只能乘坐两人。每个人都有一个渡河时间 T，船划到对岸的时间等于船上渡河时间较长的人所用时间。

现在已知 N 个人的渡河时间 T，Oliver 想要你告诉他，他们最少要花费多少时间，才能使所有人都过河。

注意：只有船在东岸(西岸)的人才能坐上船划到对岸。

输入：第一行为人数 N,接下来每行一个数。第 $i+1$ 行的数为第 i 个人的渡河时间。

输出：一个数,表示所有人都渡过河的最少渡河时间。

说明：

数据范围：对于40%的数据满足 $N \leqslant 8$。对于100%的数据满足 $N \leqslant 100000$。

样例解释如下。

初始：东岸{1,2,3,4},西岸{};

第一次：东岸{3,4},西岸{1,2},时间7;

第二次：东岸{1,3,4},西岸{2},时间6;

第三次：东岸{1},西岸{2,3,4},时间15;

第四次：东岸{1,2},西岸{3,4}时间7;

第五次：东岸{},西岸{1,2,3,4}时间7。

所以总时间为7+6+15+7+7=42。

注：题目出自 https://www.luogu.com.cn/problem/P1809。

样例输入：

```
4
6
7
10
15
```

样例输出：

```
42
```

实践园四参考程序：

```
#include<bits/stdc++.h>
using namespace std;
int const N = 10e5 + 5;
int n,s[N];
int main(){
    cin>> n;
    for(int i = 0;i<n;i++) cin>> s[i];
    sort(s,s + n);
    int ans = 0;
    while(n>3){
        ans += min(2 * s[0] + s[n - 2] + s[n - 1],s[0] + 2 * s[1] + s[n - 1]);
        n -= 2;
    }
    if(n == 3) ans += s[0] + s[1] + s[2]; //当n为3,最快的载一人去对岸
    else ans += s[n - 1];
    cout << ans << endl;
    return 0;
}
/* 当n>3时,有两种方案,一种是最快的载最慢的,然后最快的回来载次慢;另一种是最快的载次快的,然后,最快的回来并留下,让最慢的和次慢的先走,最后最快的再回对岸 */
//当n=3时,最快的载一人去对岸,然后最快的回来再接另一人去对岸
/* 其他情况,即当n=2时,用去的时间为两人中较长的一方;当n=1时,用去的时间就是这一人的时间 */
```

实践园五：购物

【题目描述】 你就要去购物了，现在你手上有 N 种不同面值的硬币，每种硬币有无限多个。为了方便购物，你希望带尽量少的硬币，但要能组合出 1 到 X 之间的任意值。

输入：第一行两个数 X、N，以下 N 个数表示每种硬币的面值。

输出：最少需要携带的硬币个数，如果无解输出 -1。

说明：

对于 30%的数据，满足 $N \leqslant 3, X \leqslant 20$；

对于 100%的数据，满足 $N \leqslant 10, X \leqslant 10^3$。

注：题目出自 https://www.luogu.com.cn/problem/P1658。

样例输入：

```
20 4
1 2 5 10
```

样例输出：

```
5
```

实践园五参考程序：

```
#include<bits/stdc++.h>
using namespace std;
int k,n,a[1050];
int main(){
    cin>>k>>n;
    for(int i=1;i<=n;i++) cin>>a[i];
    sort(a+1,a+n+1);
    if(a[1]!=1) {
        cout<<"-1";
        return 0;
    }
    int ans=1,sum=1,p;
    while(sum<k){
        for(int i=1;i<=n;i++)
            if(a[i]<=sum+1) p=i;
        ans++;
        sum+=a[p];
    }
    cout<<ans<<endl;
    return 0;
}
```

Chapter 5

第5章

二分算法

在《小学生C++编程入门》的第72课中介绍了二分查找算法，相信同学们并不陌生，不过二分算法不只有二分查找某一元素，还有二分查找最优答案，简称二分答案。本书中介绍的二分算法主要就是二分答案的一些应用，它是通过不断地缩小答案可能存在的范围，从而求得问题最优解（最优答案）的一种算法。

二分算法是一种应用范围非常广泛的经典算法。在后续的学习中，我们时常可以看到二分算法结合其他算法来解决实际问题。

本章将介绍二分答案、进击的牛、月度开销、切割绳子、KC喝咖啡和算法实践园。

第24课　二分答案

导学牌

(1) 学会二分答案模板的程序编写。

(2) 学会 lower_bound()和 upper_bound()的使用。

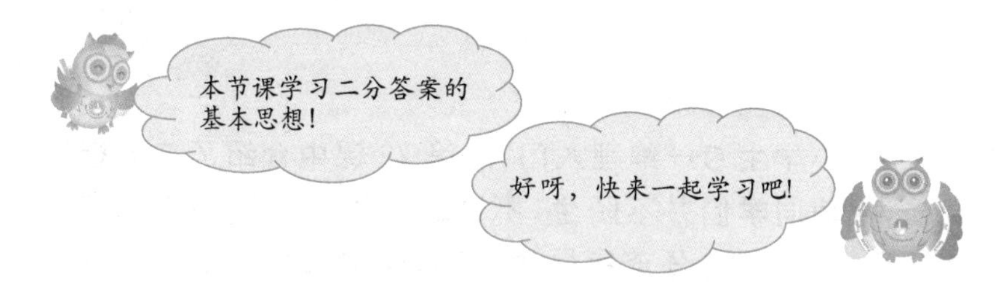

学习坊

【例 24.1】 给定一个长度为 n 的有序序列 $a_0 \leqslant a_1 \leqslant \cdots \leqslant a_{n-1}$ 和一个整数 k。要求找到一个最小的 $i(0 \leqslant i \leqslant n-1)$，满足 $a_i \geqslant k$，如果不存在这样的 i，则输出 n。

输入：第一行是一个整数 $n(1 \leqslant n \leqslant 10^6)$，第二行是序列 $0 \leqslant a_0 \leqslant a_1 \leqslant \cdots \leqslant a_{n-1} < 10^9$，第三行是一个整数 $k(1 \leqslant n \leqslant 10^9)$。

输出：输出第一个大于或等于 k 的下标。

样例输入：

```
5
2 2 3 3 5
3
```

样例输出：

```
2
```

算法解析：

根据题意，如果按顺序比较每一个 a_i 与 k 的关系，最坏的情况下需要比较 n 次。但是如果充分利用序列是有序的这一特性，就可以很好地提高算法效率。

在有序序列中，一般有以下性质。

(1) 如果对某个 $i(0 \leqslant i \leqslant n-1)$，有 $a_i \geqslant k$，则对于任意 $j > i$ 都有 $a_j \geqslant k$，如图 24.1 所示。

(2) 如果对某个 $i(0 \leqslant i \leqslant n-1)$，有 $a_i < k$，则对于任意 $j < i$ 都有 $a_j < k$，如图 24.2 所示。

由于以上性质，我们可以使用二分答案算法解决问题。

(1) 假设答案的可能区间为$[l, r]$，令 $\text{mid}=(l+r)/2$，比较 a_{mid} 与 k 的关系。

(2) 如果 $a_{\text{mid}} \geqslant k$，则答案所在的区间减半至$[l, \text{mid}]$。

(3) 如果 $a_{\text{mid}} < k$，则答案所在的区间减半至$[\text{mid}+1, r]$。

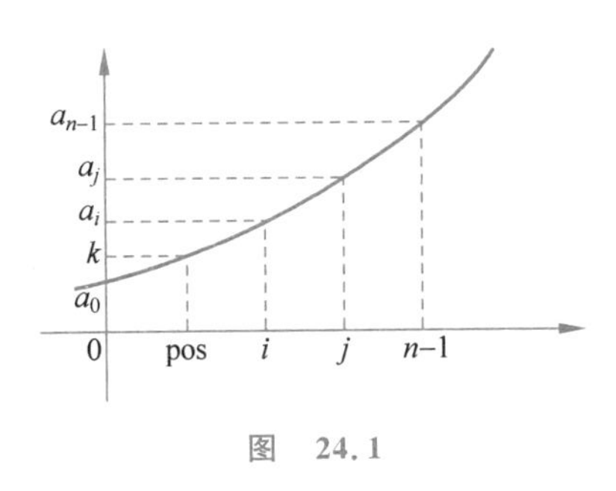

图 24.1

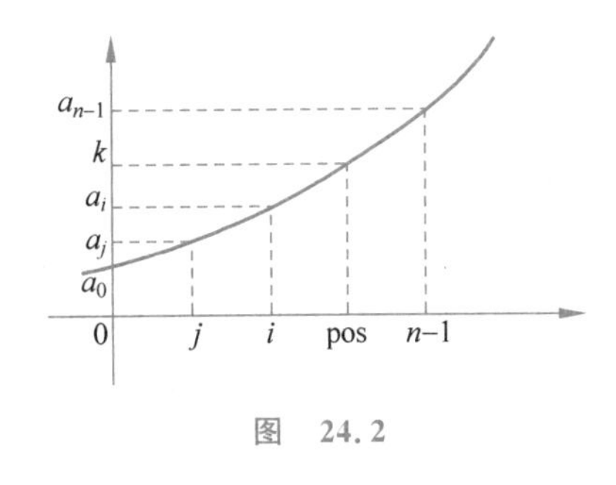

图 24.2

由此可见,如果答案所在的初始范围为$[0,n]$,每次比较后,都会让答案所在的区间范围减半,所以只需要比较 $\log n$ 次,就可以得到答案。

以样例为例,具体实现过程如图 24.3 所示,inf=1e9。

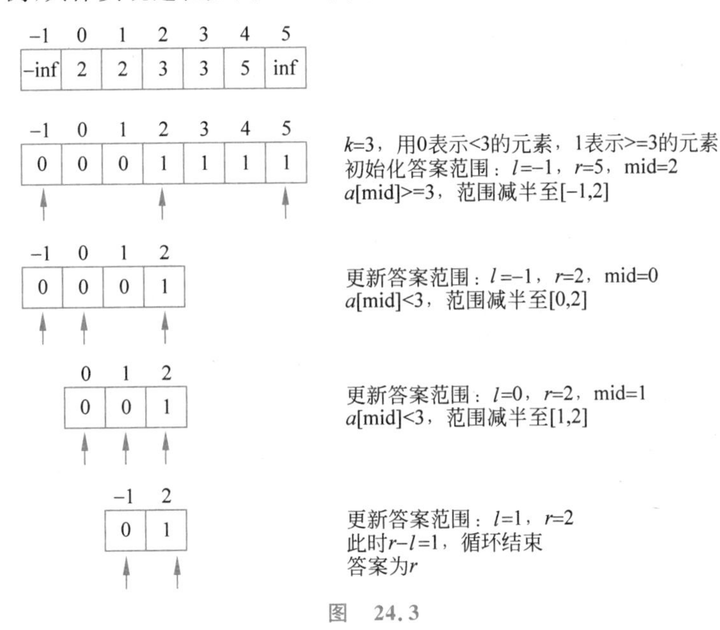

图 24.3

思考:为什么要在给定数组的左、右端点分别加上$-$inf 和 inf 呢?

试想,如果此时样例中的 $k=1$(仍然用 0 表示小于 k 的元素,用 1 表示大于或等于 k 的元素),则{2,2,3,3,5}被表示成{1,1,1,1,1};又如果 $k=6$,则{2,2,3,3,5}被表示成{0,0,0,0,0}。

为了避免此类全是 1 或者全是 0 的情况发生,一般可以在原数组的左、右端点分别加上一个很小和很大的数,以保证左、右端点的值始终被表示成 0 和 1。此时当 $k=1$ 或 $k=6$ 时,{2,2,3,3,5}可以表示成{0,1,1,1,1,1,1}和{0,0,0,0,0,0,1}。而我们要找的答案始终都是{0,1}分界点的 1,所以当 $r-l=1$ 时,循环结束,输出此时的 r 即可。

当然,对于问题的答案范围并不总是这种(和例 24.1 一样)"先 0 后 1"(即{…0,0,1,1…})的形式,也有可能是"先 1 后 0"的形式,此时,要找的答案就是{1,0}分界点的 1,即当 $r-l=1$ 时,循环结束,输出此时的 l 即可。

注意:二分答案需要三个变量,分别是左端点 l,右端点 r 和中点 mid,其中 mid$=(l+r)/2$,最优答案存在的初始范围为$[l,r]$。我们在写二分答案程序时,需要特别注意以下几点。

(1) 答案存在的范围。答案存在的范围需要适当地"宽松"些，始终保持着一个端点是可行的答案，另一个端点是不可行的答案，然后在可行的答案范围中不断地二分寻找更优答案，直到找到问题的最优答案，才结束整个二分过程。

(2) 答案划分的区间。如果 mid 是可行的答案(不一定是最优答案)，更新 l 或 r 时，并不使 l=mid+1 或 r=mid−1，因为 mid 有可能就是问题的最优答案，所以答案可能存在的区间一般划分为[l,mid]或[mid,r]，这样的划分也能避免程序陷入死循环。

(3) 最优答案的输出。二分答案指的是寻找最优答案，重复不断地二分寻找更优答案，直到更优答案的区间落在 $r-l=1$ 上，二分过程才结束，此时的 l 或 r 就是最优答案，最后直接输出 l 或 r 即可。

编写程序：

根据以上算法解析，可以编写程序如图 24.4 所示。

```
00 #include<bits/stdc++.h>
01 using namespace std;
02 int const N=1e6+5;
03 int n,k,a[N];
04 int main(){
05     cin>>n;
06     for(int i=0;i<n;i++) cin>>a[i];
07     cin>>k;
08     int l,r,mid;
09     l=-1,r=n;                   //初始化答案范围
10     while(r-l>1){
11         mid=(l+r)/2;
12         if(a[mid]<k) l=mid;  //答案所在范围[mid,r]
13         else r=mid;           //答案所在范围[l,mid]
14     }
15     cout<<r<<endl;              //最终r-l=1，答案为r
16     return 0;
17 }
```

图 24.4

运行结果：

【总结】 例 24.1 是一个二分答案算法的模板。实际上，在 STL(标准模板库)中，lower_bound()函数已经帮我们实现好了这个模版。与二分算法相关的还有一个 upper_bound()函数。

例如：

```
lower_bound(a,a+n,k) - a;          //返回第一个大于或等于 k 的元素所在数组 a 中的下标位置
upper_bound(a,a+n,k) - a;          //返回第一个大于 k 的元素所在数组 a 中的下标位置
```

注：如果在[0,n)中未找到元素 k，则将返回下标位置 n。

【例 24.2】 $A-B$ 数对。给出一串正整数数列以及一个正整数 C，要求计算出所有满足 $A-B=C$ 的数对的个数(不同位置的数字一样的数对算不同的数对)。

输入：输入共两行。第一行为两个正整数 $N(1\leqslant N\leqslant 2\times 10^5)$、$C(1\leqslant C<2^{30})$。第二

行为 N 个正整数，作为要求处理的那串数。

输出：输出一行，表示该串正整数中包含的满足 $A-B=C$ 的数对的个数。

注：题目出自 https://www.luogu.com.cn/problem/P1102。

样例输入：

```
4 1
1 1 2 3
```

样例输出：

```
3
```

算法解析：

根据题意，求 $A-B=C$ 数对的个数可以改写成求 $A=B+C$ 数对的个数，如果数组 a 有序，每个数 A，对应的 $B+C$ 一定是一段连续区间，所以可以在有序的序列中查找 A，也就是二分查找 $B+C$，时间复杂度为 $O(n\log n)$。

本题首先对数组 a 排序，然后依次遍历数组 a，即找 $B+C$，同时利用 STL 中的二分函数 lower_bound()和 upper_bound()找 $B+C$。

编写程序：

根据以上算法解析，可以编写程序如图 24.5 所示。

```
00 #include<bits/stdc++.h>
01 using namespace std;
02 long long a[200001];
03 long long N,C,ans;
04 int main()
05 {
06     cin>>N>>C;
07     for(int i=1;i<=N;i++) cin>>a[i];
08     sort(a+1,a+N+1);
09     int l,r;
10     for(int i=1;i<=N;i++){
11         l=lower_bound(a+1,a+N+1,a[i]+C)-a;
12         r=upper_bound(a+1,a+N+1,a[i]+C)-a;
13         ans+=r-l;
14     }
15     cout<<ans;
16     return 0;
17 }
```

图 24.5

运行结果：

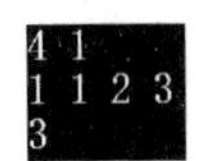

程序说明：

程序中的第 12 行，返回第一个大于或等于 $a[i]+C$ 在数组 a 中的下标位置。第 13 行返回第一个大于 $a[i]+C$ 在数组 a 中的下标位置。

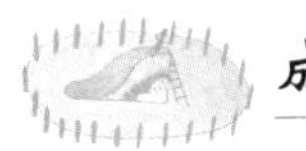

成果篮

本节课你有什么收获？

第 25 课　进击的牛

导学牌

(1) 掌握整数的二分答案算法。

(2) 学会使用二分答案解决整数的最小值最大化问题。

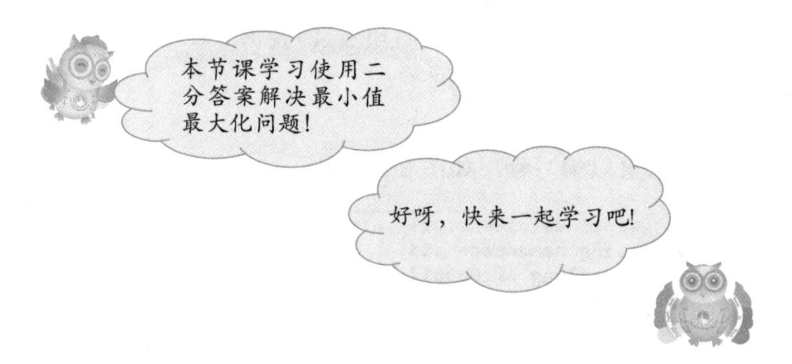

学习坊

【例 25.1】 进击的牛。农夫约翰建造了一个有 $n(2\leqslant n\leqslant 100000)$ 个隔间的牛棚，这些隔间分布在一条直线上，坐标位置是 $x_1,x_2,\cdots,x_n(0\leqslant x_i\leqslant 10^9)$。他的 $m(2\leqslant m\leqslant n)$ 头牛不满于隔间的位置分布，它们为牛棚里其他牛的存在而愤怒。为了防止牛之间的互相打斗，农夫约翰想把这些牛安置在指定的隔间，使得任意两头牛之间的最小距离尽可能大。那么，这个最大的最小距离是多少呢？

输入：第一行为两个用空格隔开的数字 n 和 m。第 $2\sim n+1$ 行，每行一个整数，表示每个隔间的坐标位置。

输出：输出一行，即相邻两头牛的最小距离的最大值。

注：题目出自 https://www.luogu.com.cn/problem/P1824。

样例输入：

```
5 3
1
2
8
4
9
```

样例输出：

```
3
```

算法解析：

根据题意，将 m 头牛放进 n 个带编号的隔间中，使得任意相邻两头牛所在位置的最小距离尽可能大。这是一道贪心＋整数上的二分答案最小值最大化问题。

首先，考虑贪心算法，将隔间的编号从小到大排序，从编号最小的隔间开始放牛。

然后，二分答案查找 x 的最大值(假设最小距离为 x)，即每隔至少 x 的距离才可以放进下一头牛，再遍历所有编号，统计可以放进多少头牛。

最后，假设(在最小距离 x 的情况下)可以放进 sum 头牛，如果有 sum$\geqslant m$，则 x 是可行的答案，然后在可行的答案中继续查找最优答案，即查找 x 的最大值，直到找到为止，否则不是可行的答案。

二分答案算法思想的实现如下。

定义一个函数 $C(x)$，用来表示相邻两头牛的最小距离是否大于或等于 x，如果是，则有 $C(x)=1$；否则 $C(x)=0$。显然，当距离 $x=0$ 时，有 $C(x)=1$；当距离 x 趋于∞(无穷大)时，有 $C(x)=0$。问题转变成：求满足 $C(x)=1$ 的最大距离 x。

以样例为例，首先对隔间编号从小到大排序，有 $a[\,]=\{1,2,4,8,9\}$，可放进牛的数量 $m=3$，设 inf=1e9，具体实现过程如图 25.1 所示。

初始化答案区间为[l,r]
l=0，r=inf，有C(l)=1，C(r)=0

区间更新为[0,9]，mid=4
当最小距离为mid=4时
可选编号为{1,8}，即可放牛数sum=2
因m=3，有sum<m，则C(mid)=0

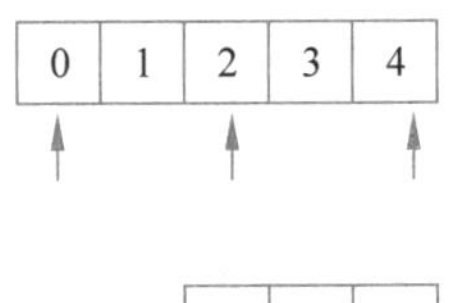

区间更新为[0,4]，mid=2，当最小距离为mid=2时，可选编号为{1,4,8}
即可放牛数sum=3，因m=3，有sum>=m，则C(mid)=1

继续在可行的答案区间内查找最优答案，直到查找区间缩至r−l=1为止

2 3 4

区间更新为[2,4]，mid=3，当最小距离为mid=3时，可选编号为{1,4,8}
即可放牛数sum=3，因m=3，有sum>=m，则C(mid)=1

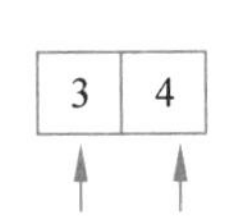

区间更新为[3,4]，因有r−l=1，所以二分过程结束
此时的l=3就是最优答案，即最小距离的最大值
直接输出即可

图 25.1

编写程序：

根据以上算法解析，可以编写程序如图 25.2 所示。

```
00 #include<bits/stdc++.h>
01 using namespace std;
02 int const N=1e5+5;
03 int a[N],n,m,l,r,mid;
04 bool C(int x){
05     int sum=1,last=1;      //第1头牛放进a[1]，last记录位置，初始为1
```

图 25.2

```
06      for(int i=2;i<=n;i++)
07        if(a[i]-a[last]>=x){//相邻距离>=x，当前隔间可选
08          sum++;              //记录可选隔间的数量
09          last=i;             //更新last为当前隔间位置
10        }
11      return sum>=m;          //如果sum>=m，返回true，否则返回false
12  }
13  int main(){
14      cin>>n>>m;
15      for(int i=1;i<=n;i++) cin>>a[i];
16      sort(a+1,a+n+1);
17      l=0,r=1e9+5;            //初始化答案范围，保证C(l)=1，C(r)=0
18      while(r-l>1){
19          mid=(l+r)/2;
20          if(C(mid)) l=mid;
21          else r=mid;
22      }
23      cout<<l<<endl;
24      return 0;
25  }
```

图　25.2（续）

运行结果：

成果篮

本节课你有什么收获？

第 26 课　月度开销

导学牌

学会使用二分答案解决整数的最大值最小化问题。

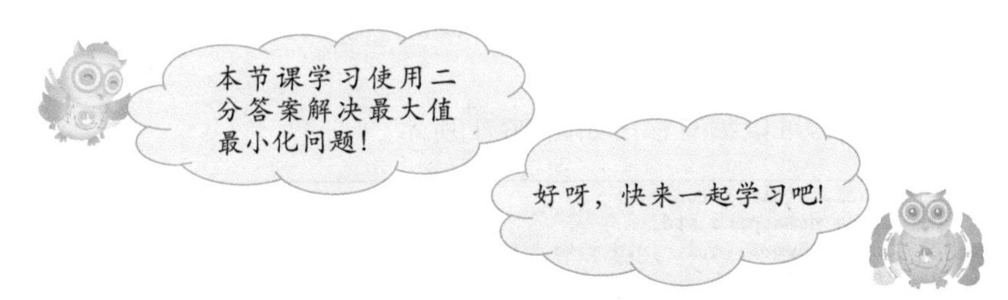

学习坊

【例 26.1】 月度开销。农夫约翰是一个精明的会计师。他意识到自己可能没有足够的资金维持农场的正常运转，于是他计算出并记录了接下来 $n(1\leqslant n\leqslant 100000)$ 天里每天需要的开销，并将这 n 天分为 m 组，每组的天数是连续的。约翰打算为 m 组$(1\leqslant m\leqslant n)$的财政周期创建一个预算方案，他把一个财政周期命名为 fajo 月，每个 fajo 月包含一天或连续的多天，每天恰好包含在一个 fajo 月中。约翰的目标是合理安排每个 fajo 月包含的天数，使得开销最多的 fajo 月的开销尽可能少。

输入： 第一行包含两个整数 n、m，用单个空格隔开。接下来 n 行，每行包含一个 1～10000 的整数，按顺序给出接下来 n 天每天的开销。

输出： 输出一行，为一个整数，即最大月度开销的最小值。

注： 题目出自 https://www.luogu.com.cn/problem/P2884。

样例输入：

```
7 5
100
400
300
100
500
101
400
```

样例输出：

```
500
```

算法解析：

根据题意，将 n 天的开销分成 m 个组，并计算每个组的开销之和，使得其中最大开销之和尽可能小。这是一道整数上的二分答案最大值最小化+贪心问题。

（1）二分答案：假设最大开销之和为 x，能否将 n 个数切割成 m 段，使得每段之和都不超过 x，可以使用二分答案查找 x 的最小值。

（2）贪心策略：对于每个二分答案后的 x，贪心地从左往右依次取数，取到不能取为止，即取到每段之和不满足“不超过最大开销为 x 的条件”为止。

二分答案算法思想的实现如下。

定义一个函数 $C(x)$，用来表示是否能够将 n 个数切割成 m 段，使得每段之和不超过 x，如果是，则有 $C(x)=1$，否则 $C(x)=0$。显然，当最大开销 $x=0$ 时，有 $C(x)=0$；当最大开销 x 趋于∞（无穷大）时，有 $C(x)=1$。问题转变成：求满足 $C(x)=1$ 的最大开销 x 的最小值。

以样例为例，$a[\,]=\{100,400,300,100,500,101,400\}$，$n=7$，$m=5$，可以很容易看出最大开销 x 的最小值为 500，即 7 个数分成的 5 段为 $\{100,400\}$，$\{300,100\}$，$\{500\}$，$\{101\}$，$\{400\}$。

编写程序：

根据以上算法解析，可以编写程序如图 26.1 所示。

```
00 #include<bits/stdc++.h>
01 using namespace std;
02 int a[100005],n,l,r,mid,m,k;
03 int C(int x){
04     int p=0;
05     for (int i=0;i<m;i++){//从左到右取m段，是否能够取完所有数
06         int tot=0;
07         while (p<n&&a[p]+tot<=x){
08             tot+=a[p];
09             p++;
10         }
11     }
12     return p==n;          //如果取完所有数，返回true，否则返回false
13 }
14 int main(){
15     cin>>n>>m;
16     for (int i=0;i<n;i++) cin>>a[i];
17     l=0; r=1e9;           //初始化答案范围，保证C(l)=0，C(r)=1
18     while (r-l>1){
19         mid=(l+r)>>1;
20         if(C(mid)) r=mid;
21         else l=mid;
22     }
23     cout << r << endl;
24 }
```

图 26.1

运行结果：

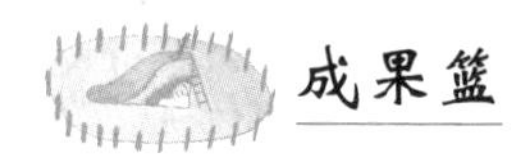

本节课你有什么收获？

第27课 切割绳子

导学牌

(1) 掌握浮点数的二分答案算法。

(2) 学会使用二分答案解决浮点数的利益最大化问题。

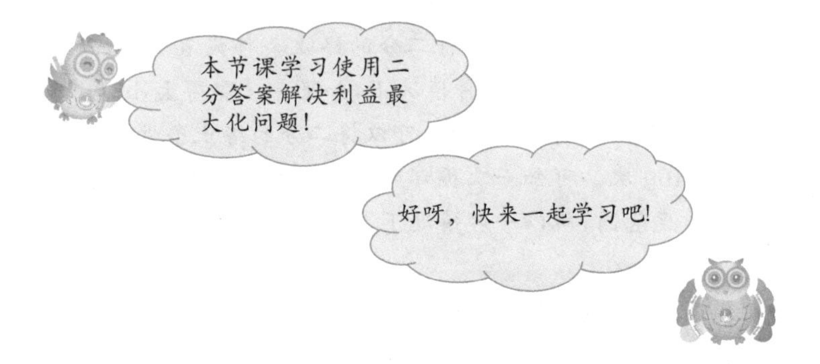

学习坊

【例 27.1】 切割绳子。有 n 条绳子,它们的长度分别为 l_i。如果从它们中切割出 k 条长度相同的绳子,这 k 条绳子每条最长能有多长?答案保留到小数点后2位(直接舍掉2位后的小数)。

输入:第一行为两个整数 $n(0<n\leqslant 100000)$ 和 $k(0<k\leqslant 10000)$。接下来 n 行描述了每条绳子的长度 $l_i(0<l_i\leqslant 100000.000)$。

输出:输出一行,切割后每条绳子的最大长度。答案与标准答案误差不超过0.01或者相对误差不超过1% 即可通过。

注:https://www.luogu.com.cn/problem/P1577。

样例输入:

```
4 11
8.02
7.43
4.57
5.39
```

样例输出:

```
2.00
```

算法解析:

根据题意,这是一道浮点数上的二分答案利益最大化问题。

二分答案算法思想的实现如下。

定义一个函数 $C(x)$，用来表示是否可以得到 k 条长度为 x 的绳子，如果是，则有 $C(x)=1$；否则 $C(x)=0$。显然，当绳子长度 $x=0$ 时，有 $C(0)=1$；当 x 趋于 ∞（无穷大）时，有 $C(\infty)=0$。问题转变成：求满足 $C(x)=1$ 的最大的 x。

如何判断 $C(x)$ 的值呢？

由于每根绳子 l_i 最多可以切出 $\left\lfloor \frac{l_i}{x} \right\rfloor$（$\lfloor\ \rfloor$ 表示取整）段长度为 x 的绳子。因此，只需要判断总和 $\text{ans}=\sum_{i=1}^{N}\left\lfloor \frac{l_i}{x} \right\rfloor$（$\sum$ 表示求和）是否大于或等于 k 即可。对于每一个 x，可以用 $O(n)$ 的时间判断 $C(x)$。

以样例为例，$a[\,]=\{8.02,7.43,4.57,5.39\}$，$k=11$，可以看出 $x=2.00$，即每条绳子可以分别得到 4 条、3 条、2 条、2 条，总和 ans=11 条绳子。

注意：对于浮点数的二分答案，可以将二分的终止条件设置为 $r-l>\text{eps}$，将 eps 设置成足够小的数即可，如 $\text{eps}=10^{-8}$，但这种情况下，如果 eps 取得太小，也有可能导致程序陷入死循环。因此，为了避免此类情况的发生，可以将二分的终止条件设置为指定好的循环次数，如指定循环次数为 100 次。可知一次循环可以将答案区间的范围缩小一半，100 次的循环可以高达 10^{-30} 的精度范围，所以一般情况下，指定循环次数为 100 次基本没问题。

编写程序：

根据以上算法解析，可以编写程序如图 27.1 所示。

```
00 #include<bits/stdc++.h>
01 using namespace std;
02 int const N=1e6+5;
03 double a[N],l,r,mid;
04 int n,k;
05 int C(double x){
06     int ans=0;
07     for(int i=1;i<=n;i++)
08         ans+=(int)(a[i]/x);     //长度为x时，可得到总和ans条绳子
09     return ans>=k;
10 }
11 int main(){
12     cin>>n>>k;
13     for(int i=1;i<=n;i++) cin>>a[i];
14     l=0,r=N;                    //初始化答案范围，保证C(l)=1, C(r)=0
15     for(int T=0;T<100;T++){ //指定循环次数为100次
16         mid=(l+r)*0.5;
17         if(C(mid)) l=mid;     //始终保证C(l)=1, C(r)=0
18         else r=mid;
19     }
20     printf("%.2f\n",floor(r*100)/100);
21     return 0;
22 }
```

图 27.1

运行结果：

程序说明：

因题目中要求答案保留到小数点后 2 位(直接舍掉 2 位后的小数)，也就是要求小数点的第 3 位向下取整，可以灵活使用向下取整函数 floor()解决此问题，由于 floor()是往整数方向向下取整，所以，可以先将 r 扩大 100 倍后向下取整，然后再将结果除以 100，即 floor(r * 100)/100，如程序中的第 20 行所示。

成果篮

本节课你有什么收获？

第28课　KC喝咖啡

导学牌

学会使用二分答案解决最大化平均值问题。

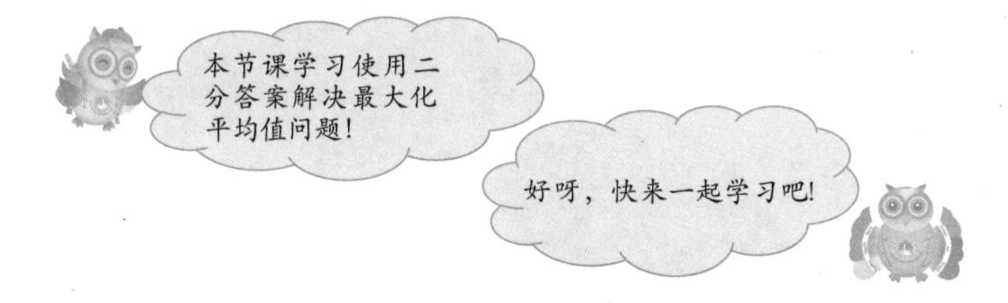

学习坊

【例28.1】 KC喝咖啡。话说KC常常跑去85℃喝咖啡。这天KC想要喝一杯咖啡，服务员告诉他，现在有 n 种调料，这杯咖啡只可以加入其中的 m 种，根据加入的调料不同，制成这杯咖啡要用的时间也不同，得到的咖啡的美味度也不同。KC在得知所有的 n 种调料后，作为曾经化学竞赛之神的他，马上就知道了所有调料消耗的时间 c_i 以及调料的美味度 v_i。由于KC想尽快喝到这杯咖啡，但他又想喝到美味的咖啡，所以他想出了一个办法，他要喝到 $\frac{\sum v_i}{\sum c_i}$ 最大的咖啡，也就是单位时间的美味度最大的咖啡。现在请你帮KC算出喝到的咖啡的 $\frac{\sum v_i}{\sum c_i}$（$\sum$ 表示求和），所以 $\frac{\sum v_i}{\sum c_i}$ 表示美味度的总和除以消耗时间的总和。

输入：输入数据共三行。第一行为一个整数 n 和 m（$1\leqslant n\leqslant 200, 1\leqslant m\leqslant n$），表示调料种数和能加入的调料数。接下来两行，每行为 n 个数，第一行第 i 个整数表示调料 i 的美味度 v_i（$1\leqslant v_i\leqslant 10^4$），第二行第 i 个整数表示调料 i 消耗的时间 c_i（$1\leqslant c_i\leqslant 10^4$）。

输出：输出一行，为一个实数 T，表示KC喝的咖啡的最大 $\frac{\sum v_i}{\sum c_i}$，保留三位小数。

注：https://www.luogu.com.cn/problem/P1570。

样例输入：

```
3 2
1 2 3
3 2 1
```

样例输出：

```
1.667
```

说明：KC选2号和3号调料，$\frac{\sum v_i}{\sum c_i}=\frac{2+3}{2+1}=1.667$。可以验证不存在更优的选择。

算法解析：

根据题意，这是一道二分答案最大化平均值问题。

定义一个函数 $C(x)$，用来表示是否可以选择 k 种调料，使得它们的单位美味度不小于 x。问题转变成：求满足 $C(x)=1$ 的最大的 x。

如何判断 $C(x)$ 的值呢？

假设选择了一个大小为 k 的集合 S，满足如下：

$$\frac{\sum_{i\in S} v_i}{\sum_{i\in S} w_i} \geqslant x$$

以上不等式可以变形为如下：

$$\sum_{i\in S}(v_i - w_i \cdot x) \geqslant 0$$

变形后，每种调料都有一个独立的权重 $v_i - w_i \cdot x$。因此，问题又转变成：是否可以从 n 个权重值中选择 k 个，使得它们的和大于或等于0。这里使用贪心算法，从大到小选择 k 个权重值。时间复杂度为 $O(n\log n)$。

编写程序：

根据以上算法解析，可以编写程序如图28.1所示。

```
00 #include<bits/stdc++.h>
01 using namespace std;
02 int const N=1e6+10;
03 double eps=1e-7;
04 int n,k;
05 double v[N],c[N],a[N],l,r;
06 bool check(double x){
07     for (int i=0;i<n;i++) a[i]=v[i]-c[i]*x; //权重值
08     sort(a,a+n);
09     double sum=0;
10     for (int i=n-k;i<n;i++) sum+=a[i];      //计算从大到小前k个数的和
11     return sum>=0;
12 }
13 int main(){
14     cin >> n >> k;
15     for(int i=0;i<n;i++) cin>>v[i];
16     for(int i=0;i<n;i++) cin>>c[i];
17     l=0; r=1e8;
18     while (r-l>eps){
19         double mid=(l+r)*0.5;
20         if (check(mid)) l=mid; else r=mid;
21     }
22     printf("%.3f\n",l);
23     return 0;
24 }
```

图 28.1

运行结果：

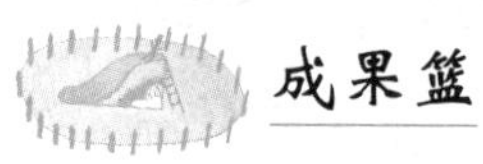

成果篮

本节课你有什么收获？

第 29 课　算法实践园

导学牌

(1) 掌握二分答案算法的基本思想。

(2) 学会使用二分答案解决实际问题。

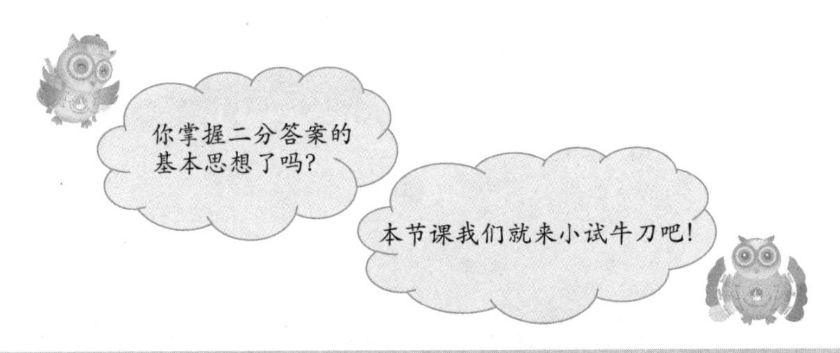

实践园一：砍树

【题目描述】 伐木工人 Mirko 需要砍 M 米长的木材。对 Mirko 来说，这是很简单的工作，因为他有一个漂亮的新伐木机。不过，Mirko 只被允许砍伐一排树。

Mirko 的伐木机工作流程如下：Mirko 设置一个高度参数 H(米)，伐木机升起一个巨大的锯片到高度 H，并锯掉所有树比 H 高的部分(当然，树木不高于 H 米的部分保持不变)。Mirko 就得到树木被锯下的部分。

例如，如果一排树的高度分别为 20 米、15 米、10 米和 17 米，Mirko 把锯片升到 15 米的高度，切割后树木剩下的高度将是 15 米、15 米、10 米和 15 米，而 Mirko 将从第 1 棵树得到 5 米，从第 4 棵树得到 2 米，共得到 7 米木材。

Mirko 非常关注生态保护，所以他不会砍掉过多的木材。这也是他尽可能高地设定伐木机锯片的原因。请帮助 Mirko 找到伐木机锯片的最大的整数高度 H，使得他能得到的木材至少为 M 米。换句话说，如果再升高 1 米，他将得不到 M 米木材。

输入：第一行为两个整数 N 和 M，N 表示树木的数量($1 \leqslant N \leqslant 10^6$)，$M$ 表示需要的木材总长度($1 \leqslant M \leqslant 2 \times 10^9$)。第二行为 N 个整数，表示每棵树的高度(每棵树的高度小于或等于 4×10^5，所有树的高度总和大于 M)。

输出：一个整数，表示锯片的最高高度。

注：题目出自 https://www.luogu.com.cn/problem/P1873。

样例输入：

```
4 7
20 15 10 17
```

样例输出：

```
15
```

实践园三参考程序：

```
#include<bits/stdc++.h>
using namespace std;
int const N = 1e6 + 5;
int n,a[N];
long long m;
bool C(int h){
    long long sum = 0;
    for(int i = 1;i <= n;i++)
        if(a[i]> h) sum += a[i] - h;
    return sum >= m;
}
int main(){
    cin >> n >> m;
    for(int i = 1;i <= n;i++) cin >> a[i];
    int l = 0,r = 1e9;
    while(r - l > 1){
        int mid = (l + r)/2;
        if(C(mid)) l = mid;
        else r = mid;
    }
    cout << l << endl;
    return 0;
}
```

实践园二：派

【题目描述】 我的生日快到了，按照惯例我将提供派。我有 N 个派，各种口味，各种大小。我的 F 个朋友要来参加我的聚会，每人将得到一块派。如果他们中的一个比其他人得到了更大的一块，他们就会开始抱怨。因此，所有人都应该得到相同大小(但不一定是相同形状)的派。当然，我也想要一块派给自己，那块也要一样大。我们所有人能得到的最大的一块是多少？所有的派都是圆柱形的，它们都有相同的高度 1，但派的半径可以不同。

输入：一行是正整数，为测试样例的数量。然后对于每个测试样例：一行两个整数 N 和 F，$1 \leqslant N, F \leqslant 10000$，分别表示派的数量和朋友的数量。一行有 N 个整数 r_i 且 $1 \leqslant r_i \leqslant 10000$，表示派的半径。

输出：对于每个测试样例，输出一个尽可能大的 V，V 是一个绝对误差不超过 10^{-3} 的浮点数。

注：题目出自 http://poj.org/problem?id=3122。

样例输入：

```
3
3 3
4 3 3
1 24
5
10 5
1 4 2 3 4 5 6 5 4 2
```

样例输出：

```
25.1327
3.1416
50.2655
```

实践园二参考程序：

```
#include<iostream>
#include<cmath>
using namespace std;
const double eps = 1e-8;
const double pi = acos(-1.0);          //等价于 pi = 3.141592653589
double a[100005],l,r,mid;
int n,k;
int C(double x){
    int cnt = 0;
    for (int i = 1;i <= n;i++) cnt += (int)(a[i]/x);
    return cnt >= k;
}
int main(){
    int N; cin>> N;
    while (N--){
        cin>> n>> k;
        k++;
        for (int i = 1;i <= n;i++){
            cin >> a[i];
            a[i] = a[i] * a[i] * pi;
        }
        l = 0; r = 4e8;
        for (int T = 0;T < 200;T++){
            mid = (l + r) * 0.5;
            if (C(mid)) l = mid; else r = mid;
        }
        printf("%.4f\n",l);
    }
    return 0;
}
```

实践园三：木材加工

【题目描述】 木材厂有 n 根原木，现在想把这些木头切割成 k 段长度均为 l 的小段木头（木头有可能有剩余）。当然，我们希望得到的小段木头越长越好，请求出 l 的最大值。木头长度的单位是厘米，原木的长度都是正整数，我们要求切割得到的小段木头的长度也是正整数。

例如，有两根原木长度分别为 11 厘米和 21 厘米，要求切割成等长的 6 段，很明显能切割出来的小段木头长度最长为 5 厘米。

输入：第一行是两个正整数 n 和 k，分别表示原木的数量和需要得到的小段的数量。接下来 n 行，每行一个正整数 L_i，表示一根原木的长度。

输出：共一行，即 l 的最大值。如果连 1 厘米长的小段都切不出来，则输出 0。

说明：

对于 100%的数据：有 $1\leqslant n\leqslant 10^5$，$1\leqslant k\leqslant 10^8$，$1\leqslant L_i\leqslant 10^8(i\in[1,n])$。

注：题目出自 https://www.luogu.com.cn/problem/P2440。

样例输入：

```
3 7
232
124
456
```

样例输出：

```
114
```

实践园三参考程序：

```
#include<bits/stdc++.h>
using namespace std;
int const N = 1e6 + 5;
int n,k,a[N];
bool C(int x){
    int ans = 0;
    for(int i = 1;i <= n;i++)
        ans += a[i]/x;
    return ans >= k;
}
int main(){
    cin >> n >> k;
    for(int i = 1;i <= n;i++) cin >> a[i];
    int l = 0,r = 1e8 + 5,mid;
    while(r - l > 1){
        mid = (l + r)/2;
        if(C(mid)) l = mid;
        else r = mid;
    }
    cout << l << endl;
    return 0;
}
```

实践园四：路标设置

【题目描述】 B市和T市之间有一条长长的高速公路，这条公路的某些地方设有路标，大家都感觉路标设得太少了，相邻两个路标之间往往隔着相当长的一段距离。为了便于研究这个问题，我们把公路上相邻路标的最大距离定义为该公路的“空旷指数”。

政府决定在公路上增设一些路标，使得公路的“空旷指数”最小。他们请你设计一个程序计算能达到的最小值。需要注意的是，公路的起点和终点保证已设有路标，公路的长度为整数，并且原有路标和新设路标都必须距起点整数个单位距离。

输入：第一行包括三个数 L、N、K，分别表示公路的长度、原有路标的数量和最多可增设的路标数量。第二行包括递增排列的 N 个整数，分别表示原有的 N 个路标的位置。路标的位置用距起点的距离表示，且一定位于区间 $[0,L]$ 内。

输出：共一行，包含一个整数，表示增设路标后能达到的最小“空旷指数”值。

说明：公路原来只在起点和终点处有两个路标，现在允许新增一个路标，应该把新路标设在距起点 50 个或 51 个单位距离处，这样能达到最小的空旷指数 51。

对于 50%的数据,有 $2 \leqslant N \leqslant 100, 0 \leqslant K \leqslant 100$。

对于 100%的数据,有 $2 \leqslant N \leqslant 100000, 0 \leqslant K \leqslant 100000$。

对于 100%的数据,有 $0 < L \leqslant 10000000$。

注:题目出自 https://www.luogu.com.cn/problem/P3853。

样例输入:

```
101 2 1
0 101
```

样例输出:

```
51
```

实践园四参考程序:

```
#include<bits/stdc++.h>
using namespace std;
int const N = 1e6 + 5;
int L,n,k,a[N];
bool C(int x){
    int ans = 0;
    for(int i = 1;i < n;i++){
        if(a[i] - a[i - 1]> x){
            ans += (a[i] - a[i - 1])/x;
            if((a[i] - a[i - 1]) % x == 0) ans -- ; //距离是 x 的倍数,减去一个重合的路标
        }
    }
    return ans <= k;
}
int main(){
    cin >> L >> n >> k;
    for(int i = 0;i < n;i++) cin >> a[i];
    int l = 0,r = L,mid;
    while(r - l > 1){
        mid = (l + r)/2;
        if(C(mid)) r = mid;
        else l = mid;
    }
    cout << r << endl;
    return 0;
}
```

实践园五:跳石头

【题目描述】 一年一度的“跳石头”比赛又要开始了!这项比赛将在一条笔直的河道中进行,河道中分布着一些巨大岩石。组委会已经选择好了两块岩石作为比赛起点和终点。在起点和终点之间有 N 块岩石(不含起点和终点的岩石)。在比赛过程中,选手们将从起点出发,每一步跳向相邻的岩石,直至到达终点。

为了提高比赛难度,组委会计划移走一些岩石,使得选手们在比赛过程中的最短跳跃距离尽可能长。由于预算限制,组委会至多从起点和终点之间移走 M 块岩石(不能移走起点和终点的岩石)。

输入:第一行包含三个整数 L、N、M,分别表示起点到终点的距离、起点和终点之间的岩石数以及组委会至多移走的岩石数。保证 $L \geqslant 1$ 且 $N \geqslant M \geqslant 0$。

接下来 N 行，每行一个整数，第 i 行的整数 $D_i(0<D_i<L)$ 表示第 i 块岩石与起点的距离。这些岩石按与起点距离从小到大的顺序给出，且不会有两个岩石出现在同一个位置。

输出：一个整数，即最短跳跃距离的最大值。

说明：

样例解释：将与起点距离为 2 和 14 的两个岩石移走后，最短的跳跃距离为 4(从与起点距离 17 的岩石跳到距离 21 的岩石，或者从距离 21 的岩石跳到终点)。

对于 20%的数据，有 $0\leqslant M\leqslant N\leqslant 10$。

对于 50%的数据，有 $0\leqslant M\leqslant N\leqslant 100$。

对于 100%的数据，有 $0\leqslant M\leqslant N\leqslant 50000, 1\leqslant L\leqslant 10^9$。

注：题目出自 https://www.luogu.com.cn/problem/P2678。

样例输入：

```
25 5 2
2
11
14
17
21
```

样例输出：

```
4
```

实践园五参考程序：

```
#include<bits/stdc++.h>
using namespace std;
const int maxn = 1e6 + 10;
int n,m,l,r,mid,a[maxn],L;
bool C(int x){
    int last = 0,cnt = 0;
    for (int i = 1;i <= n;i++)
        if (L - a[i]> = x&&a[i] - last > = x)
            last = a[i],cnt++;
    return cnt >= n - m;
}
int main(){
    cin >> L >> n >> m;
    for (int i = 1;i <= n;i++) cin >> a[i];
    l = 0; r = L + 1;
    while (r - l > 1){
        int mid = (l + r)>> 1;
        if (C(mid)) l = mid; else r = mid;
    }
    cout << l << endl;
}
```

Chapter 6

第6章

搜索算法

搜索算法就是利用计算机的高性能，对问题的“状态空间”进行枚举，穷举出一个问题的全部或者部分可能的情况，找到最优解或者统计合法解的个数。

在搜索算法中，深度优先搜索（depth first search，DFS）算法简称深搜，常常指利用递归函数方便地实现暴力枚举的算法，也称为“回溯法”。通过递归函数，我们可以逐层地枚举每一种可能，从而实现枚举所有可能的“状态”。

搜索算法是一些高级算法的基础，它可以在很多问题中解决数据范围较小的部分。掌握正确地写搜索算法，对后续高级算法的学习和理解有着一定的帮助。

本章将介绍部分和问题、全排列问题、数的拆分问题、N皇后问题、迷宫问题，算 24 点问题和算法实践园。

第 30 课 部分和问题

导学牌

学会使用 DFS(深度优先搜索)算法解决部分和问题。

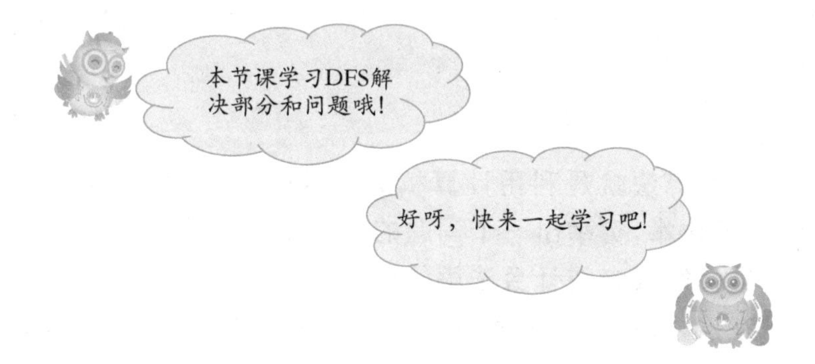

学习坊

【例 30.1】 部分和问题。给定 n 个整数和 k,判断是否可以从中选出若干个数,使得它们的和恰好为 k。

输入:两行,第一行两个整数,分别是 n 和 $k(1 \leqslant n \leqslant 9, -10^8 \leqslant k \leqslant 10^8)$;第二行 n 个整数 $a_i(-10^8 \leqslant a_i \leqslant 10^8)$。

输出:如果存在和恰好为 k,输出 YES;否则,输出 NO。

样例输入:

```
3 7
1 2 5
```

样例输出:

```
YES//(7 = 2 + 5)
```

算法解析:

根据题意,每个数都可以选择加或者不加两种状态,那么,对于 n 个数,可以有 2^n 种可能的状态数,即时间复杂度是 $O(2^n)$。由于 $n \leqslant 20$,因此,使用 DFS 枚举每一种可能的状态来判断和是否为 k。

根据 DFS 算法的思想,可以设计算法步骤如下。

(1) 定义函数 dfs(x,s),表示当前选完前 x 个数,选取数的总和为 s。

(2) 当 $x=n$ 时,表示当前已经选取了前 n 个数,此时可以判断总和 s 是否为要求的答案 k。

以样例为例,已知 $n=3,k=7,a[\,]=\{1,2,5\}$,具体搜索过程如图 30.1 所示。

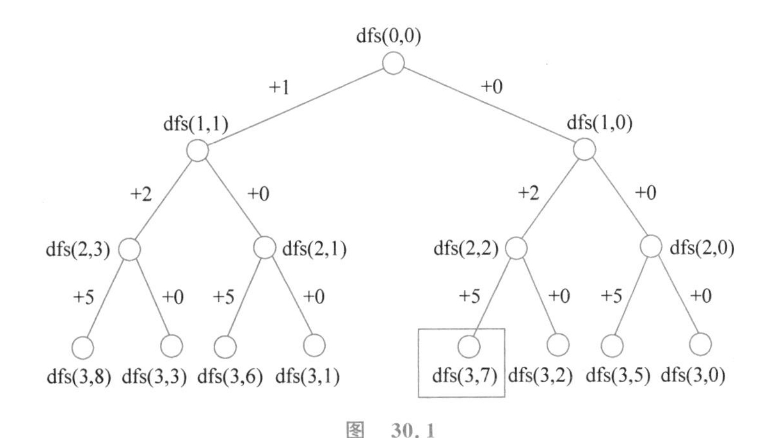

图 30.1

编写程序：

根据以上算法解析，可以编写程序如图 30.2 所示。

```
00 #include<bits/stdc++.h>
01 using namespace std;
02 int a[20],n,k;
03 bool flag;                    //表示是否找到一组数的和为k
04 void dfs(int x,int s){        //前x个数的和为s
05     if (x==n){
06         if (s==k) flag=1;    //找到答案
07         return;              //选完n个数后dfs终止
08     }
09     dfs(x+1,s+a[x+1]);        //选了a[x+1]
10     dfs(x+1,s);               //不选a[x+1]
11 }
12 int main(){
13     cin >> n >> k;
14     for (int i=1;i<=n;i++) cin >> a[i];
15     dfs(0,0);  //初始状态：选了前0个数（还没选数），总和为0
16     if (flag) cout << "YES" << endl;
17     else cout << "NO" << endl;
18     return 0;
19 }
```

图 30.2

运行结果：

成果篮

本节课你有什么收获？

第 31 课　全排列问题

导学牌

学会使用 DFS 解决全排列问题。

学习坊

【例 31.1】 全排列问题。按照字典序输出自然数 1 到 n 所有不重复的排列，即 n 的全排列，要求所产生的任一数字序列中不允许出现重复的数字。

输入：一个整数 $n(1\leqslant n\leqslant 9)$。

输出：由 $1\sim n$ 组成的所有不重复的数字序列，每行一个序列。每个数字保留 5 个场宽。

注：https://www.luogu.com.cn/problem/P1706。

样例输入：

```
3
```

样例输出：

```
1    2    3
1    3    2
2    1    3
2    3    1
3    1    2
3    2    1
```

算法解析：

根据题意，对于全排列问题，以样例 $n=3$ 为例，其 DFS 算法如图 31.1 所示。

假设初始时有三个空位__ __ __，我们将依次在空位上填数，当空位填完，表示得到一种排列方案，输出即可。

(1) 首先，在第一个空位上填 1，得到 1 __ __；然后，在第二个空位上填 2，得到 1 2 __；最后，在第三个空位上填 3，得到 1 2 3。此时，空位填完，得到第一种排列方案 1 2 3，并

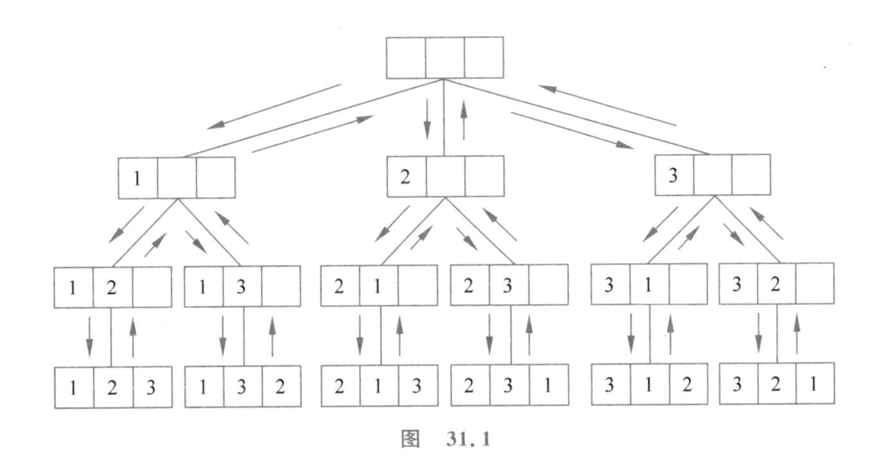

图　31.1

输出。

(2) 往回退一步,退回到状态 1 2 __,第三个空位上除了填过的 3,无其他数可填。因此,再往回退一步,退回到状态 1 __ __,第二个空位上除了填过的 2,还可以填 3,填好后为 1 3 __:接下来,再填第三个空位,可以填 2,填好后,得到第二种排列方案:1 3 2,并输出。

(3) 往回退一步,退回到状态 1 3 __,第三个空位上除了填过的 2,无其他数可填。因此,再往回退一步,退回到状态 1 __ __,第二个空位上除了填过的 2 和 3,无其他数可填。因此,继续往回退一步,退回到状态__ __ __,第一个空位上除了填过的 1,还可以填 2,填好后为 2 __ __;然后,在第 2 个空位上填 1,填好后为 2 1 __;最后,在第 3 个空位上填 3,填好后,得到第三种排列方案:2 1 3,并输出。

(4) 往回退一步,退回到状态 2 1 __,第三个空位上除了填过的 3,无其他数可填。因此,再往回退一步,退回到状态 2 __ __,第二个空位上除了填过的 1,还可以填 3,填好后为 2 3 __:接下来,再填第三个空位,可以填 1,填好后,得到第四种排列方案:2 3 1,并输出。

(5) 往回退一步,退回到状态 2 3 __,第三个空位上除了填过的 1,无其他数可填。因此,再往回退一步,退回到状态 2 __ __,第二个空位上除了填过的 1 和 3,无其他数可填。因此,继续往回退一步,退回到状态__ __ __,第一个空位上除了填过的 1 和 2,还可以填 3,填好后为 3 __ __;然后,在第 2 个空位上填 1,填好后为 3 1 __;最后,在第 3 个空位上填 2,填好后,得到第三种排列方案:3 1 2,并输出。

(6) 往回退一步,退回到状态 3 1 __,第三个空位上除了填过的 2,无其他数可填。因此,再往回退一步,退回到状态 3 __ __,第二个空位上除了填过的 1,还可以填 2,填好后为 3 2 __:接下来,再填第三个空位,可以填 1,填好后,得到第二种排列方案:3 2 1,并输出。

此时,搜索结束,并输出了所有的排列方案。

根据上述搜索过程,设计算法步骤如下。

(1) 用数组 a 保存排列,当排列的长度为 n 时,是一种排列方案,输出即可。

(2) 用数组 vis 记录数字是否被使用过,当 vis[i]=1 时,表示数字 i 被使用过,否则没有被使用过。

(3) DFS(u)表示已经确定了 a 的前 u 个数(从 a[1]开始填数),当 $u>n$ 时,输出搜索的全排列。

注意:在 DFS 过程中,数组 vis 既要标记,也要"撤销"标记。

编写程序：

根据以上算法解析，可以编写程序如图 31.2 所示。

```
00 #include<bits/stdc++.h>
01 using namespace std;
02 int a[10],n;
03 bool vis[10];
04 void dfs(int u){
05     if(u>n){        //当u=n+1时，表示前n个空位已填好数
06         for(int i=1;i<=n;i++)  //输出一种排列方案
07           cout<<setw(5)<<a[i];
08         cout<<endl;
09         return;                //dfs的终止条件
10     }
11     for(int i=1;i<=n;i++)
12         if(!vis[i]){
13             a[u]=i;            //在第u个空位填上i
14             vis[i]=1;          //标记i为已使用
15             dfs(u+1);          //填下一个空位
16             vis[i]=0;          //dfs回来后，要撤销之前的标记
17         }
18 }
19 int main(){
20     cin>>n;
21     dfs(1);
22     return 0;
23 }
```

图 31.2

运行结果：

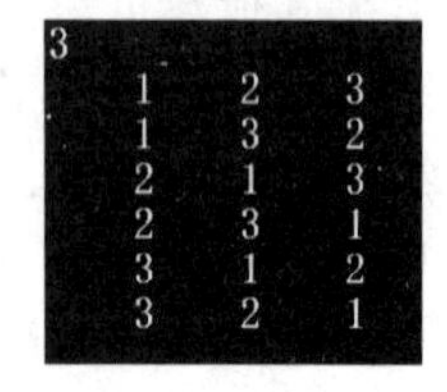

成果篮

本节课你有什么收获？

第 32 课　数的拆分问题

导学牌

学会使用 DFS 解决数的拆分问题。

学习坊

【例 32.1】 数的拆分问题。给定一个正整数 n，要求输出所有将 n 拆分成若干个不同正整数的和的方案。

输入：一个整数 $n(1 \leqslant n \leqslant 30)$。

输出：由若干正整数的加法等式。

样例输入：

```
6
```

样例输出：

```
6 = 1 + 2 + 3
6 = 1 + 5
6 = 2 + 4
6 = 6
```

算法解析：

如本题所示，n 的数据范围足够小(30 以内)，可以很容易估算出，当将 n 拆分成若干个不同正整数的和时，其总的方案数并不会很大。因此，可以尝试使用 DFS 深度优先搜索算法将方案数一一搜索出来。

根据题意，首先，假设将 n 拆分成 m 个正整数的和，即有 $n = a_1 + a_2 + \cdots + a_m$，且满足 $a_1 < a_2 < \cdots < a_m$。然后，依次枚举 $a_1, a_2, a_3, \cdots$，在枚举过程中保证 $a_{i+1} > a_i$。

根据 DFS 搜索的思想，可以设计算法步骤如下。

(1) 定义函数 dfs(m, s, k)，表示当前确定了前 m 个数，总和为 s，下一个数至少为 k。

(2) 当和 s 为 n 时，递归终止，输出当前由前 m 个数构成的加法等式。

编写程序：

根据以上算法解析，可以编写程序如图 32.1 所示。

```
00 #include<bits/stdc++.h>
01 using namespace std;
02 int n,a[10];
03 void dfs(int m,int s,int k){  //m个数，和为s，下一项>=k
04     if(s==n){
05         cout<<n<<"=";
06         for(int i=1;i<m;i++) cout<<a[i]<<"+";
07         cout<<a[m]<<endl;
08         return;
09     }
10     for(int i=k;i<=n-s;i++){  //保证s+i<=n，即和不超过n
11         a[m+1]=i;              //第m+1项填i
12         dfs(m+1,s+i,i+1);      //第m+1的下一项k至少为i+1
13     }
14 }
15 int main(){
16     cin>>n;
17     dfs(0,0,1);
18     return 0;
19 }
```

图 32.1

运行结果：

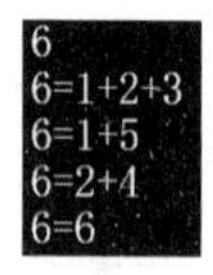

程序说明：

程序的第 3 行，数组 a 设定为 10 就足够了，因为当 $n=30$ 时，要保证 $a_1+a_2+\cdots+a_m\leqslant 30$，又已知 $1+2+3+\cdots+8=36$，所以 30 最多只能拆成不超过 8 项不同的正整数的和。

成果篮

本节课你有什么收获？

第33课　N皇后问题

导学牌

学会使用DFS解决N皇后问题。

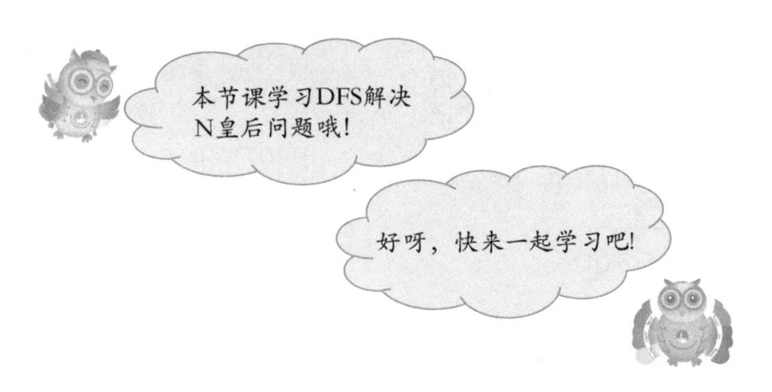

学习坊

【例33.1】　N皇后问题。该问题是指将n个皇后放在$n \times n$的国际象棋棋盘上，使得皇后不能相互攻击到，即任意两个皇后都不能处于同一行、同一列或同一斜线上。

现在给定整数n，请你输出所有满足条件的棋子摆法。

输入：一个整数$n(1 \leqslant n \leqslant 10)$。

输出：每个解决方案占n行，每行输出一个长度为n的字符串，用来表示完整的棋盘状态。其中，“.”表示某一个位置的方格状态为空，Q表示某一个位置的方格上摆着皇后。每个方案输出完成后，输出一个空行。

样例输入：

```
4
```

样例输出：

```
.Q..
...Q
Q...
..Q.

..Q.
Q...
...Q
.Q..
```

算法解析：

N皇后问题是一道非常经典的问题，我们可以使用DFS深度优先搜索算法搜索出所有的方案。以样例$n=4$的其中一个方案为例，从空棋盘开始，逐行放置皇后，要求使得任意两个皇后不能相互攻击，即任意两个皇后不能同时处于同一行、同一列或者同一条斜线上。具体搜索过程如图 33.1 所示。

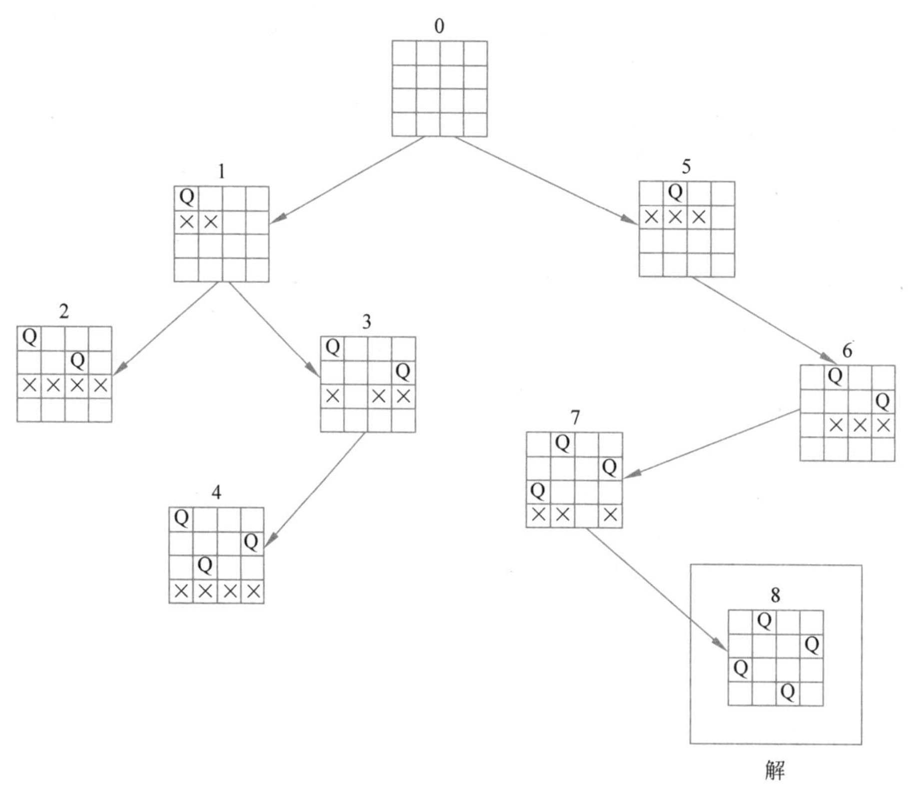

图 33.1

根据上述搜索过程，可以设计算法如下。

(1) 用数组 $p[x]$记录第 x 行的皇后的列坐标。

(2) 对于任意两行 i 和 j，要求满足
$$\begin{cases} p_i \neq p_j & \text{（列坐标不同）} \\ i+p_i \neq j+p_j & \text{（行列坐标和不同，即正斜线）} \\ i-p_i \neq j-p_j & \text{（行列坐标差不同，即反斜线）} \end{cases}$$

(3) 定义函数 dfs(x)，表示已经确定了前 x 个数皇后的位置，当 $x=n$ 时，输出一种方案。

编写程序：

根据以上算法解析，可以编写程序如图 33.2 所示。

```
00 #include<bits/stdc++.h>
01 using namespace std;
02 int a[30],b[30],c[30],p[30],n;
03 void print(){
04     for(int i=0;i<n;i++){
05         for(int j=0;j<n;j++)
06           if(p[i]==j) cout<<"Q"; else cout<<".";
07         cout<<endl;
08     }
09     cout<<endl;
10 }
```

图 33.2

```
11 void dfs(int x){
12     if(x==n){
13         print();        //输出方案
14         return;
15     }
16     for(int i=0;i<n;i++)
17         if(!a[i]&&!b[i+x]&&!c[i-x+n]){
18             p[x]=i;
19             a[i]=1;      //标记列坐标
20             b[i+x]=1;    //标记行列坐标和
21             c[i-x+n]=1; //标记行列坐标差
22             dfs(x+1);
23             a[i]=0;b[i+x]=0;c[i-x+n]=0;  //撤销
24         }
25 }
26 int main(){
27     cin>>n;
28     dfs(0);
29     return 0;
30 }
```

图 33.2(续)

运行结果:

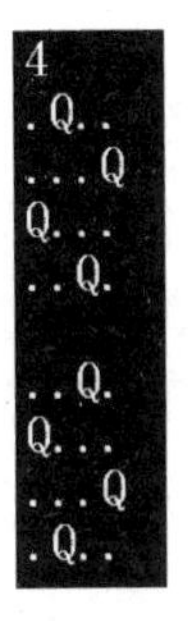

程序说明:

在程序中,用三个数组 a、b、c 分别标记列坐标 i、行列坐标和 $i+x$、行列坐标差 $i-x$。其中,由于行列坐标差 $i-x$ 可能出现负数而导致数组越界。因此,可以在不等式两边同时加上 n,不影响其结果。即 $i-p_i+n \neq j-p_j+n$。

成果篮

本节课你有什么收获?

第34课 迷宫问题

导学牌

学会使用DFS解决迷宫问题。

学习坊

【例34.1】 迷宫问题。给定一个 $N \times M$ 方格的迷宫,迷宫里有 T 处障碍,障碍处不可通过。在迷宫中移动有上、下、左、右四种方式,每次只能移动一个方格。数据保证起点上没有障碍。给定起点坐标和终点坐标,每个方格最多经过一次,问有多少种从起点坐标到终点坐标的方案。

输入:第一行为三个正整数 N、M、T($1 \leqslant N, M \leqslant 5$,$1 \leqslant T \leqslant 10$),分别表示迷宫的长、宽和障碍总数。第二行为四个正整数 SX、SY、FX、FY,其中,SX、SY 代表起点坐标,FX、FY 代表终点坐标($1 \leqslant SX, FX \leqslant N$,$1 \leqslant SY, FY \leqslant M$,$1 \leqslant SY, FY \leqslant M$)。接下来 T 行,每行两个正整数,表示障碍点的坐标。

输出:输出从起点坐标到终点坐标的方案总数。

注:https://www.luogu.com.cn/problem/P1605。

样例输入:

```
3 3 1
1 2 3 2
2 2
```

样例输出:

```
2
```

算法解析:

这是一道经典的迷宫DFS搜索问题。

以样例为例,在一个3×3方格的迷宫,从起点(1,2)走到终点(3,2),有上、下、左、右四种移动方式,每次只能移动一个方格,且要求不能通过障碍位置(2,2),方案数显然只有两种,即(1,2)→(1,1)→(2,1)→(3,1)→(3,2)和(1,2)→(1,3)→(2,3)→(3,3)→(3,2),如图34.1所示。

根据题意,设计算法步骤如下。

(1) 从起点出发，依次枚举每一步分别向上、下、左、右四个方向移动。

(2) 定义函数 dfs(x,y)，表示当前走到的方格坐标为(x,y)，到达(x,y)后，可以依次递归地调用 dfs($x-1$,y)、dfs($x+1$,y)、dfs(x,$y-1$)、dfs(x,$y+1$)。

注意：在 DFS 过程中，每次经过一个点，须将这个点标记，递归返回时，再将标记撤销。

×	×	×	×	×
×		(1,2)		×
×		×		×
×		(3,2)		×
×	×	×	×	×

图 34.1

编写程序：

根据以上算法解析，可以编写程序如图 34.2 所示。

```
00  #include<bits/stdc++.h>
01  using namespace std;
02  int n,m,sx,sy,tx,ty,t,ans;
03  bool f[7][7];
04  void dfs(int x,int y){
05      if(x==tx&&y==ty){
06          ans++;                      //走到终点，终止
07          return;
08      }
09      f[x][y]=1;                      //标记(x,y)为已走过
10      if(!f[x-1][y]) dfs(x-1,y);      //向四个方向走
11      if(!f[x+1][y]) dfs(x+1,y);
12      if(!f[x][y-1]) dfs(x,y-1);
13      if(!f[x][y+1]) dfs(x,y+1);
14      f[x][y]=0;                      //撤销标记
15  }
16  int main(){
17      memset(f,1,sizeof(f));         //f中不可以走的方格都标记为1
18      cin>>n>>m>>t;
19      for(int i=1;i<=n;i++)
20        for(int j=1;j<=m;j++)
21          f[i][j]=0;                 //n*m的棋盘标记为0，即可以走的方格
22      cin>>sx>>sy>>tx>>ty;
23      for(int i=0;i<t;i++){
24          int x,y;cin>>x>>y;
25          f[x][y]=1;                 //障碍点标记为1，即不可以走的方格
26      }
27      dfs(sx,sy);                    //从起点出发
28      cout<<ans<<endl;
29      return 0;
30  }
```

图 34.2

运行结果：

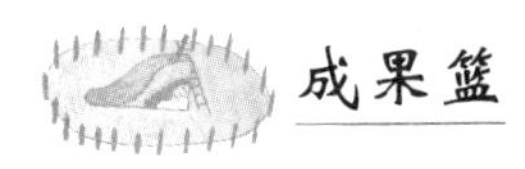

成果篮

本节课你有什么收获？

第 35 课　算 24 点问题

导学牌

学会使用 DFS 解决算 24 点问题。

学习坊

【例 35.1】 算 24 点问题。这是一种数字游戏，我们把这种游戏称为“算 24 点”。你作为游戏者将得到 4 个 1 到 9 之间的自然数作为操作数，而你的任务是对这 4 个操作数进行适当的算术运算，要求运算结果等于 24。

你可以使用的运算只有+、-、*、/，你还可以使用()改变运算顺序。

注意：所有的中间结果必须是整数，所以一些除法运算是不允许的(例如，(2 * 2)/4 是合法的，2 * (2/4)是不合法的)。

下面我们给出一个游戏的具体例子。

若给出的 4 个操作数是 1、2、3、7，则一种可能的解答是 1+2+3 * 7=24。

输入：只有一行，4 个 1 到 9 之间的自然数。

输出：如果有解，只要输出一个解，输出的是三行数据，分别表示运算的步骤。其中，第一行是输入的两个数和一个运算符及运算后的结果，第二行是第一行的结果和一个输入的数据、运算符、运算后的结果，或者是另外两个数的输出结果；第三行是前面的结果和第二行的结果或者剩下的一个数字、运算符和“=24”。如果两个操作数有大小，则先输出大的。

如果没有解，则输出“No answer!”

如果有多重合法解，输出任意一种即可。

注意：所有运算结果均为正整数。

注：https://www.luogu.com.cn/problem/P1236。

样例输入：

```
1 2 3 7
```

样例输出：

```
2 + 1 = 3
7 * 3 = 21
21 + 3 = 24
```

算法解析：

根据题意，本题可以使用DFS搜索算法解决该问题。

以样例为例，四个操作数为{1,2,3,7}。

首先，对四个操作数的第1、第2个元素做加法运算后，更新为三个操作数{3,3,7}。

然后，对三个操作数中的第1、第3个元素做乘法运算后，更新为两个操作数{21,3}。

最后，再对剩余的两个操作数做加法运算后，更新为一个操作数{24}。此时，仅剩下一个操作数，恰巧是24，直接按要求输出该搜索方案即可。具体搜索过程如图35.1所示。

1	2	3	7

3	3	7

21	3

24

图 35.1

根据上述搜索分析，可设计算法如下。

(1) 依次枚举数组中的每两个元素，分别进行加、减、乘、除运算后再放回去。对于4个操作数，枚举3次即可。

(2) 定义函数dfs(int x, vector < int > f)，表示当前进行了 x 次运算，剩下的数组为vector f。当 $x=3$ 时，此时 f 中恰好只剩一个元素，判断该元素是否为24即可。

编写程序：

根据以上算法解析，可以编写程序如图35.2所示。

```
00 #include<bits/stdc++.h>
01 using namespace std;
02 int a[10],b[10],c[10];
03 char op[10];
04 void print(){
05     for(int i=0;i<3;i++)
06       cout<<a[i]<<op[i]<<b[i]<<"="<<c[i]<<endl;
07     exit(0);  //退出整个程序
08 }
09 void dfs(int x,vector<int> f){
10     if(x==3){
11         if(f[0]==24) print();
12         return;
13     }
14     int m=f.size();
15         for(int i=0;i<m;i++)
16           for(int j=i+1;j<m;j++){
17             int u=f[i],v=f[j];
18             if(u<v) swap(u,v);
19             vector<int> g(1,0);
20             for(int k=0;k<m;k++)
21               if(k!=i&&k!=j) g.push_back(f[k]);
22             a[x]=u;b[x]=v;
23             c[x]=g[0]=u+v; op[x]='+'; dfs(x+1,g);
24             c[x]=g[0]=u-v; op[x]='-'; dfs(x+1,g);
25             c[x]=g[0]=u*v; op[x]='*'; dfs(x+1,g);
26             if(v>0&&u%v==0){
27                 c[x]=g[0]=u/v; op[x]='/'; dfs(x+1,g);
28             }
29           }
30 }
31 int main(){
32     vector<int> f(4);
33     for(int i=0;i<4;i++) cin>>f[i];
34     dfs(0,f);
35     cout<<"No answer!"<<endl;
36     return 0;
37 }
```

图 35.2

运行结果：

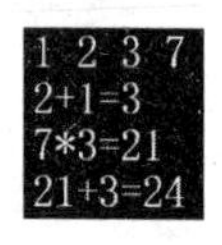

程序说明：

程序的第 19 行表示开了一个大小为 1、初始值为 0 的动态数组 g，即初始化 $g[0]=0$。如第 23～25 及 27 行中，$g[0]$用于存放选取的两个操作数 u 和 v，做加、减、乘、除运算后的结果。

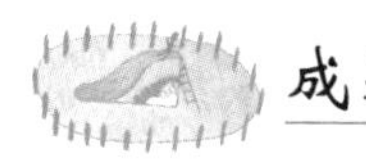

成果篮

本节课你有什么收获？

第 36 课　算法实践园

导学牌

(1) 掌握 DFS 算法的基本思想。

(2) 学会使用 DFS 算法解决实际问题。

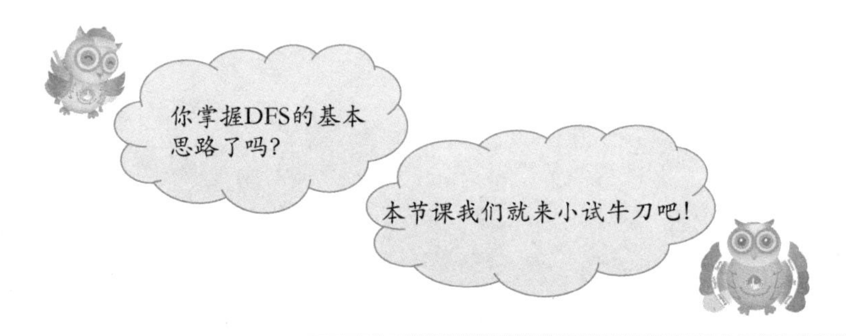

实践园一：组合的输出

【题目描述】 排列与组合是常用的数学方法，其中组合就是从 n 个元素中抽出 r 个元素(不分顺序且 $r \leqslant n$)，我们可以简单地将 n 个元素理解为从自然数 1,2,…,n 中任取 r 个数。现要求输出所有组合。

例如 $n=5, r=3$，所有组合为 123,124,125,134,135,145,234,235,245,345。

输入：共一行，为两个自然数 n, r($1<n<21, 0 \leqslant r \leqslant n$)。

输出：所有的组合，每一个组合占一行且其中的元素按由小到大的顺序排列，每个元素占三个字符的位置，所有组合也按字典顺序。

输出时，每个数字需要 3 个场宽。以 C++为例，你可以使用下列代码：

```
cout << setw(3) << x;                    //输出占 3 个场宽的数 x
```

注：题目出自 https://www.luogu.com.cn/problem/P1157。

样例输入：

```
5 3
```

样例输出：

```
  1  2  3
  1  2  4
  1  2  5
  1  3  4
  1  3  5
  1  4  5
  2  3  4
  2  3  5
  2  4  5
  3  4  5
```

实践园一参考程序：

```
#include<bits/stdc++.h>
using namespace std;
int n,a[22],m;
void dfs(int x){
    if (x==m){
        for (int i=1;i<=m;i++){
            cout << setw(3) << a[i];
        }
        cout << endl;
        return;
    }
    for (int i=a[x]+1;i<=n;i++){
        a[x+1]=i;
        dfs(x+1);
    }
}
int main(){
    cin >> n >> m;
    dfs(0);
}
```

实践园二：选书

【题目描述】 学校放寒假时，信息学奥赛辅导老师有 1,2,3,…,x 本书，要分给参加培训的 x 个人，每人只能选一本书，但是每人有两本喜欢的书。老师事先让每个人将自己喜欢的书填写在一张表上，然后根据他们填写的表来分配书本，希望设计一个程序帮助老师求出所有可能的分配方案，使每个学生都满意。

输入：第一行为一个数 $x \leqslant 20$。第二行至第 $1+x$ 行，每行两个数，表示第 i 个人及其他喜欢的书的序号 a_i。

输出：只有一个数，即总方案数 total。

注：题目出自 https://www.luogu.com.cn/problem/P1657。

样例输入：

```
5
1 3
4 5
2 5
1 4
3 5
```

样例输出：

```
2
```

实践园二参考程序：

```
#include<bits/stdc++.h>
using namespace std;
int n,a[22],b[22],ans;
bool vis[22];
```

```
void dfs(int x){
    if (x == n){
        ans++;
        return;
    }
    if (!vis[a[x]]){
        vis[a[x]] = 1;
        dfs(x + 1);
        vis[a[x]] = 0;
    }
    if (!vis[b[x]]){
        vis[b[x]] = 1;
        dfs(x + 1);
        vis[b[x]] = 0;
    }
}
int main(){
    cin >> n;
    for (int i = 0;i < n;i++) cin >> a[i] >> b[i];
    dfs(0);
    cout << ans << endl;
}
```

实践园三：自然数的拆分

【题目描述】 任何一个大于1的自然数 n，总可以拆分成若干个小于 n 的自然数之和。现在给出一个自然数 n，请求出将 n 拆分成一些数字的和的形式。每个拆分后的序列中的数字从小到大排序，然后输出这些序列，其中字典序小的序列优先输出。

输入：待拆分的自然数 n，$2 \leqslant n \leqslant 8$。

输出：若干数的加法式子。

注：题目出自 https://www.luogu.com.cn/problem/P2404。

样例输入：

```
7
```

样例输出：

```
1+1+1+1+1+1+1
1+1+1+1+1+2
1+1+1+1+3
1+1+1+2+2
1+1+1+4
1+1+2+3
1+1+5
1+2+2+2
1+2+4
1+3+3
1+6
```

```
2+2+3
2+5
3+4
```

实践园三参考程序：

```
#include<bits/stdc++.h>
using namespace std;
int n,a[105];
void dfs(int m,int s,int k){
    if (s==n){
        if (m==1) return;
        for (int i=1;i<m;i++) cout << a[i] << "+";
        cout << a[m] << endl;
        return;
    }
    for (int i=k;i<=n-s;i++){
        a[m+1]=i;
        dfs(m+1,s+i,i);
    }
}
int main(){
    cin >> n;
    dfs(0,0,1);
}
```

实践园四：还是 N 皇后

【题目描述】 正如题目所说，这题是著名的 N 皇后问题。

输入：第一行有一个 $N(0<N\leqslant 14)$。接下来有 N 行 N 列描述一个棋盘，“*”表示可放；“.”表示不可放。

输出：输出方案总数。

注：题目出自 https://www.luogu.com.cn/problem/P1562。

样例输入：

```
4
**.*
****
****
****
```

样例输出：

```
1
```

实践园四参考程序：

```
#include<bits/stdc++.h>
using namespace std;
int m[30],n,ans;
char s[30][30];
void dfs(int x,int a,int b,int c){
```

```
        if (x == n){
            ans++;
            return;
        }
        int r = m[x]&(~(a|b|c));
        while (r){
            int w = r&(-r); r -= w;
            dfs(x + 1,a + w,(b + w)>> 1,(c + w)<< 1);
        }
    }
    int main(){
        cin >> n;
        for (int i = 0;i < n;i++){
            cin >> s[i];
            for (int j = 0;j < n;j++) if (s[i][j] == '*') m[i]| = 1 << j;
        }
        dfs(0,0,0,0);
        cout << ans << endl;
    }
```

实践园五：魔术数字游戏

【题目描述】 填数字方格的游戏有很多种变化，如图 36.1 所示的 4×4 方格中，我们要选择从数字 1 到 16 来填满这十六个格子（$A_{i,j}$，其中 $i=1,2,3,4$，$j=1,2,3,4$）。

$A_{1,1}$	$A_{1,2}$	$A_{1,3}$	$A_{1,4}$
$A_{2,1}$	$A_{2,2}$	$A_{2,3}$	$A_{2,4}$
$A_{3,1}$	$A_{3,2}$	$A_{3,3}$	$A_{3,4}$
$A_{4,1}$	$A_{4,2}$	$A_{4,3}$	$A_{4,4}$

图 36.1

为了让游戏更有挑战性，我们要求下列六项中的每一项所指定的四个格子，其数字累加的和必须为 34：

- 四个角落上的数字，即 $A_{1,1}+A_{1,4}+A_{4,1}+A_{4,4}=34$。
- 每个角落上的 2×2 方格中的数字，例如左上角 $A_{1,1}+A_{1,2}+A_{2,1}+A_{2,2}=34$。
- 最中间的 2×2 方格中的数字，即 $A_{2,2}+A_{2,3}+A_{3,2}+A_{3,3}=34$。
- 每条水平线上四个格子中的数字，即 $A_{i,1}+A_{i,2}+A_{i,3}+A_{i,4}=34$，其中 $i=1,2,3,4$。
- 每条垂直线上四个格子中的数字，即 $A_{1,j}+A_{2,j}+A_{3,j}+A_{4,j}=34$，其中 $j=1,2,3,4$。
- 两条对角线上四个格子中的数字，例如左上角到右下角 $A_{1,1}+A_{2,2}+A_{3,3}+A_{4,4}=34$；右上角到左下角 $A_{1,4}+A_{2,3}+A_{3,2}+A_{4,1}=34$。

特别地，我们会指定把数字 1 先固定在某一格内。

输入：输入只有一行，包含两个正数据 i 和 j，表示第 i 行和第 j 列的格子放数字 1。剩下的十五个格子，请按照前述六项条件用数字 2 到 16 来填满。

输出：输出四行，每行四个数，相邻两数之间用一个空格隔开，并且依序排好。排序的方式是先从第一行的数字开始比较，每一行数字由最左边的数字开始比，数字较小的解答必须先输出到文件中。

说明：对于全部测试点，保证 $1 \leqslant i,j \leqslant 4$。

注：题目出自 https://www.luogu.com.cn/problem/P1274。

样例输入：

```
1 1
```

样例输出：

```
1 4 13 16
14 15 2 3
8 5 12 9
11 10 7 6

1 4 13 16
14 15 2 3
12 9 8 5
7 6 11 10
```

实践园五参考程序：

```
#include <bits/stdc++.h>
using namespace std ;
int a[10][10],vis[20],n,m ;
int Fjdge(){                                                      //最后的判断,Final Judge
    if (a[1][1] + a[1][4] + a[4][1] + a[4][4]!= 34) return 0 ;     //四个角落
    if (a[3][3] + a[3][4] + a[4][3] + a[4][4]!= 34) return 0 ;     //右下角 2 * 2 方格
    if (a[4][1] + a[4][2] + a[4][3] + a[4][4]!= 34) return 0 ;     //第四行
    if (a[1][4] + a[2][4] + a[3][4] + a[4][4]!= 34) return 0 ;     //第四列
    if (a[1][1] + a[2][2] + a[3][3] + a[4][4]!= 34) return 0 ;     //左上角到右下角
    return 1 ;
}
int check(int x,int y){                                           //剪枝
    if (x > 2 || x == 2 && y >= 2)
        if (a[1][1] + a[1][2] + a[2][1] + a[2][2]!= 34) return 0;   //左上角的 2 * 2 方格
    if (x > 2 || x == 2 && y == 4)
        if (a[1][3] + a[1][4] + a[2][3] + a[2][4]!= 34) return 0;   //右上角的 2 * 2 方格
    if (x == 4 && y >= 2)
        if (a[3][1] + a[3][2] + a[4][1] + a[4][2]!= 34) return 0 ;  //左下角的 2 * 2 方格
    if (x > 3 || x == 3 && y >= 3)
        if (a[2][2] + a[2][3] + a[3][2] + a[3][3]!= 34) return 0 ;  //中央的 2 * 2 方格
    if (x > 1 || x == 1 && y >= 4)
        if (a[1][1] + a[1][2] + a[1][3] + a[1][4]!= 34) return 0 ;  //第一行
    if (x > 2 || x == 2 && y >= 4)
        if (a[2][1] + a[2][2] + a[2][3] + a[2][4]!= 34) return 0 ;  //第二行
    if (x > 3 || x == 3 && y >= 4)
        if (a[3][1] + a[3][2] + a[3][3] + a[3][4]!= 34) return 0 ;  //第三行
    if (x == 4 && y >= 1)
        if (a[1][1] + a[2][1] + a[3][1] + a[4][1]!= 34) return 0 ;  //第一列
    if (x == 4 && y >= 2)
        if (a[2][1] + a[2][2] + a[2][3] + a[2][4]!= 34) return 0 ;  //第二列
    if (x == 4 && y >= 3)
        if (a[3][1] + a[3][2] + a[3][3] + a[3][4]!= 34) return 0 ;  //第三列
    if (x == 4 && y >= 1)
```

```
        if (a[1][4] + a[2][3] + a[3][2] + a[4][1]!= 34) return 0 ;          //左下角到右上角
    return 1 ;
}
void dfs(int x,int y){                  //表示准备放 i,j
    if (x == 5 && y == 1){              //搜索结束,判断没有问题的话,就可以输出了
        if (Fjdge() == 1){
            for (int i = 1;i <= 4;i++){
                for (int j = 1;j <= 4;j++) printf(" %d ",a[i][j]) ;
                printf("\n") ;
            }
            printf("\n") ;
        }
    }

    if (a[x][y]!= 0){                   //当前节点已被固定为 1
        if (y == 4) dfs(x + 1,1);
        else dfs(x,y + 1) ;
    }
    else {
        if (y == 1){
            x-- ;y = 4 ;
        }
        else y-- ;
        if (!check(x,y)) return ;
        if (y == 4){
            x++;y = 1 ;
        }
        else y++;
        for (int i = 2;i <= 16;i++)
        if (!vis[i]) {
            vis[i] = 1;a[x][y] = i ;
            if (y == 4) dfs(x + 1,1) ;
            else dfs(x,y + 1) ;
            a[x][y] = 0;vis[i] = 0 ;
        }
    }

}
int main(){
    scanf(" %d %d",&n,&m) ;
    a[n][m] = 1;vis[1] = 1 ;
    if (!(n == 1 && m == 1)){
        for (int i = 2;i <= 16;i++){
            a[1][1] = i;vis[i] = 1;
            dfs(1,2);                   //表示准备放 i,j
            vis[i] = 0;a[1][1] = 0;
        }
    }
    else dfs(1,2) ;
    return 0 ;
}
```

Chapter 7

第7章

动态规划

动态规划(dynamic programming,DP)是运筹学的一个分支,是求解决策过程最优化的数学方法。20 世纪 50 年代初,美国数学家理查德·贝尔曼(Richard Bellman)等人在研究多阶段决策过程的优化问题时,提出了著名的最优化原理,从而创立了动态规划。

动态规划的基本思想就是将原问题分解成若干个子问题,然后分别求解这些子问题,最后再合并子问题的最优解得到原问题的最优解。与递归算法的区别在于:递归算法容易出现被重复计算的子问题,而动态规划会将每个求解过的子问题记录下来,当再碰到同样的子问题时,就可以直接使用之前记录的结果,所以每个子问题只需要求解一次。显然动态规划求解问题的效率更高。

本章将介绍几类经典的动态规划 DP 算法,分别是:背包 DP(01 背包、完全背包)、线性 DP(最长上升子序列、最长公共子序列、最小编辑距离)、计数 DP(背包计数、路径计数、整数划分)和区间 DP(石子合并、括号匹配)和算法实践园。

第 37 课　01 背包问题

导学牌

(1) 理解 01 背包问题及其算法思想。

(2) 体会 01 背包问题的普通策略(二维数组)和优化策略(一维数组)。

(3) 学会使用 01 背包模型解决采药问题。

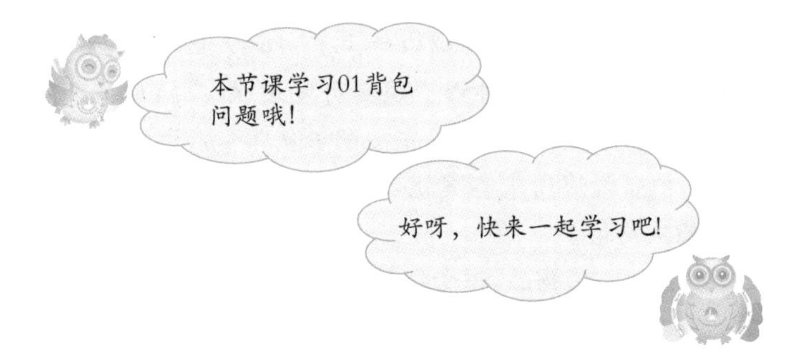

学习坊

【例 37.1】 01 背包问题。有 n 个物品和一个容量为 W 的背包,已知每个物品的质量为 w_i,价值为 v_i。现在要求从中选取一些物品放入背包,在不超过背包容量 W 的前提下使获得的总价值最大,并输出最大价值。由于每个物品只能被选取 0 或者 1 次,所以被称为 01 背包问题。这是一个著名的算法问题。

输入:第一行两个整数 n 和 $W(1\leqslant n\leqslant 500, 1\leqslant W\leqslant 10^4)$,用空格隔开,分别表示物品数量和背包容积。接下来 n 行,每行两个整数 w_i 和 $v_i(1\leqslant w_i, v_i\leqslant 10^4)$,用空格隔开,分别表示第 i 件物品的质量和价值。

输出:输出一个整数,表示最大价值。

样例输入:

```
4 5
2 3
1 2
3 4
2 4
```

样例输出:

```
9//(选取的是第 1、2、4 个物品)
```

算法解析:

根据题意,如果使用朴素的方法依次枚举所有物品,对于每个物品有放入和不放入背包两种选择。因此,总共有 2^n 种选取方案,即方案数最高达 2^{500},这样的复杂度是相当糟糕的。但是注意到由于选取的总质量不能超过 W，如果按顺序选取物品，可能发生的状态为：在前 i 件物品中选取了总质量为 j 的物品，只有 $n\times W$ 个。时间复杂度可以降为 $O(nW)$。

定义状态 $f(i,j)$，用来表示在前 i 个物品中选取总质量不超过背包容量 j 的最大价值。

由于 (i,j) 这样的组合共有 $n\times W$ 个，我们只需要快速地计算出每个 $f(i,j)$ 的值，就可以推算出最终的答案。在计算 $f(i,j)$ 时，可以考虑第 i 个物品是否被选择而分为以下两种策略。

(1) 如果第 i 个物品未被选择，那么问题转化为：在前 $i-1$ 个物品中选取总质量不超过 j 的最大价值。即答案为 $f(i,j)=f(i-1,j)$。

(2) 如果第 i 个物品被选择，那么问题转化为：在前 $i-1$ 个物品中选取总质量不超过 $j-w_i$ 的最大价值，再加上第 i 个物品的价值 v_i。即答案为 $f(i,j)=f(i-1,j-w_i)+v_i$。

由以上两种策略，可以得到以下递推关系：

$$f(i,j)=\begin{cases}f(i-1,j) & (j<w_i)\\ \max(f(i-1,j),f(i-1,j-w_i)+v_i) & (j\geqslant w_i)\end{cases}$$

此递推关系一般被称为状态转移方程。观察可发现 $f(i,j)$ 只与之前的状态 $f(i-1,j)$ 和 $f(i-1,j-w_i)$ 有关。因此，我们可以先按照 i 从 $1\sim n$，再按照 j 从 $0\sim W$ 的顺序依次计算出每一个 $f(i,j)$ 值。最终所求答案就是 $f(n,W)$，即在前 n 个物品（全部物品）中选取总质量不超过 W 的最大价值。

以样例为例，已知有 $n=4$ 个物品，每个物品质量为 $w_i=\{2,1,3,2\}$，价值为 $v_i=\{3,2,4,5\}$，求在不超过背包容量为 $W=5$ 的前提下，选取哪些物品，可以获得最大价值。

具体实现过程如下。

(1) 初始化边界条件 $f(i,0)$，即在前 i 个物品中选取总质量不超过 0 的价值肯定是 0，则有 $f(i,0)=0$，同样地，也有 $f(0,j)=0$，如表 37.1 所示。

表 37.1

i \ $f(i,j)$ \ j	0	1	2	3	4	5
0	0	0	0	0	0	0
1	0					
2	0					
3	0					
4	0					

(2) 按照状态转移方程计算在前 1 个物品中选取质量不超过 j 的物品的最大价值。已知 $w_1=2,v_1=3,j=1,2,\cdots,5$，具体如表 37.2 所示。

当 $j=1$ 时，有 $f(1,1)=f(0,1)=0,j<w_1$。

当 $j=2$ 时，有 $f(1,2)=\max(f(0,2),f(0,0)+3)=3$。

当 $j=3$ 时，有 $f(1,3)=\max(f(0,3),f(0,1)+3)=3$。

当 $j=4$ 时，有 $f(1,4)=\max(f(0,4),f(0,2)+3)=3$。

当 $j=5$ 时，有 $f(1,5)=\max(f(0,5),f(0,3)+3)=3$。

表 37.2

i \ $f(i,j)$ \ j	0	1	2	3	4	5
0	0	0	0	0	0	0
1	0	0	3	3	3	3
2	0					
3	0					
4	0					

(3) 按照状态转移方程计算在前 2 个物品中选取质量不超过 j 的物品的最大价值。已知 $w_2=1, v_2=2, j=1,2,\cdots,5$,具体如表 37.3 所示。

当 $j=1$ 时,有 $f(2,1)=\max(f(1,1), f(1,0)+2)=2$。

当 $j=2$ 时,有 $f(2,2)=\max(f(1,2), f(1,1)+2)=3$。

当 $j=3$ 时,有 $f(2,3)=\max(f(1,3), f(1,2)+2)=5$。

当 $j=4$ 时,有 $f(2,4)=\max(f(1,4), f(1,3)+2)=5$。

当 $j=5$ 时,有 $f(2,5)=\max(f(1,5), f(1,4)+2)=5$。

表 37.3

i \ $f(i,j)$ \ j	0	1	2	3	4	5
0	0	0	0	0	0	0
1	0	0	3	3	3	3
2	0	2	3	5	5	5
3	0					
4	0					

(4) 按照状态转移方程计算在前 3 个物品中选取质量不超过 j 的物品的最大价值。已知 $w_3=3, v_3=4, j=1,2,\cdots,5$,具体如表 37.4 所示。

当 $j=1$ 时,有 $f(3,1)=f(2,1)=2, j<w_3$。

当 $j=2$ 时,有 $f(3,2)=f(2,2)=3, j<w_3$。

当 $j=3$ 时,有 $f(3,3)=\max(f(2,3), f(2,0)+4)=5$。

当 $j=4$ 时,有 $f(3,4)=\max(f(2,4), f(2,1)+4)=6$。

当 $j=5$ 时,有 $f(3,5)=\max(f(2,5), f(2,2)+4)=7$。

(5) 按照状态转移方程计算在前 4 个物品中选取质量不超过 j 的物品的最大价值。已知 $w_3=2, v_3=4, j=1,2,\cdots,5$,具体如表 37.5 所示。

当 $j=1$ 时,有 $f(4,1)=f(3,1)=2, j<w_3$。

当 $j=2$ 时,有 $f(4,2)=\max(f(3,2), f(3,0)+4)=4$。

当 $j=3$ 时,有 $f(4,3)=\max(f(3,3), f(3,1)+4)=6$。

当 $j=4$ 时，有 $f(4,4)=\max(f(3,4),f(3,2)+4)=7$。

当 $j=5$ 时，有 $f(4,5)=\max(f(3,5),f(3,3)+4)=9$。

表 37.4

i \ f(i,j) \ j	0	1	2	3	4	5
0	0	0	0	0	0	0
1	0	0	3	3	3	3
2	0	2	3	5	5	5
3	0	2	3	5	6	7
4	0					

表 37.5

i \ f(i,j) \ j	0	1	2	3	4	5
0	0	0	0	0	0	0
1	0	0	3	3	3	3
2	0	2	3	5	5	5
3	0	2	3	5	6	7
4	0	2	4	6	7	9

$f(4,5)=9$ 就是最终答案。像这样先计算前 1 个物品，前 2 个物品，前 i 个物品……到最后计算出所有物品的答案。这种按顺序求解问题的方法称为动态规划算法。

编写程序：

根据以上算法解析，可以编写程序如图 37.1 所示。

```
00  #include<bits/stdc++.h>
01  using namespace std;
02  int dp[505][10005],w[505],v[505],n,W;
03  int main(){
04      cin>>n>>W;
05      for(int i=1;i<=n;i++) cin>>w[i]>>v[i];
06      for(int i=1;i<=n;i++){
07          for(int j=0;j<=W;j++){
08            dp[i][j]=dp[i-1][j];
09            if(j>=w[i])
10              dp[i][j]=max(dp[i-1][j],dp[i-1][j-w[i]]+v[i]);
11          }
12      }
13      cout<<dp[n][W]<<endl;
14      return 0;
15  }
```

图 37.1

运行结果：

```
4 5
2 3
1 2
3 4
2 4
9
```

程序说明：

程序中的用数组 dp[i][j]表示算法分析中每个 $f(i,j)$的值。

注意：上述程序中并没有对数组 dp 进行初始化，是因为全局变量 dp 的初始值默认为 0。但在一般动态规划问题中，都是需要进行初始化的，这一点要特别注意。

思考：能否使用一维数组优化上述 01 背包问题的动态规划过程？

答案是肯定的。二维数组下，状态 $f(i,j)$表示：前 i 个物品，总质量不超过 j 的最大价值。一维数组下，循环到第 i 轮，其实就是决策到第 i 个物品，所以可以省略掉前 i 个物品这一维度，也就是说，状态 $f(j)$就表示：前 i 个物品，总质量不超过 j 的最大价值。即一维 $f(j)$等价于二维 $f(n,j)$。参考程序如图 37.2 所示。

```
00 #include<bits/stdc++.h>
01 using namespace std;
02 int n,W,dp[10005],w[505],v[505];
03 int main(){
04     cin>>n>>W;
05     for(int i=1;i<=n;i++) cin>>w[i]>>v[i];
06     for(int i=1;i<=n;i++){
07         for(int j=W;j>=w[i];j--)   //j是倒序枚举
08           dp[j]=max(dp[j],dp[j-w[i]]+v[i]);
09     }
10     cout<<dp[W]<<endl;
11     return 0;
12 }
```

图 37.2

思考：上述程序(图 37.2)的第 7 行，为什么内层循环中的 j 需要倒序枚举呢？

因为在二维情况下，状态 $f(i,j)$是由上一轮 $i-1$ 的状态推算出来的，$f(i,j)$与 $f(i-1,j)$是相互独立的。而优化到一维后，如果正序枚举，有可能导致本应该由第 $i-1$ 轮推算出第 i 轮的状态，却变成由第 i 轮推算出第 i 轮的状态。

例如，假设 $f(5)$是由 $f(3)$推算出来的，$f(3)$是由 $f(2)$推算出来。如果正序枚举，当枚举到 $f(5)$时，此时的 $f(3)$已被更新，不再是第 $i-1$ 轮的 $f(3)$了。这就出现了某个物品被多次选取的问题。而 01 背包的含义是：保证每个物品只能选择 0 或者 1 次。为了避免重复选取某些物品，内层循环需要倒序枚举，如图 37.3 所示。

假设第i轮的j倒序枚举到此

图 37.3

注：图 37.3 中的深蓝色表示当前第 i 轮已被更新的状态，浅蓝色部分表示未被更新的状态，即浅蓝色部分仍是上一轮(第 $i-1$ 轮)的状态。

【例 37.2】 采药。辰辰是个天资聪颖的孩子，他的梦想是成为世界上最伟大的医师。为此，他想拜附近最有威望的医师为师。医师为了判断他的资质，给他出了一个难题。医师把他带到一个到处都是草药的山洞里对他说："孩子，这个山洞里有一些不同的草药，采每一株都需要一些时间，每一株也有它自身的价值。我会给你一段时间，在这段时间里，你可以采到一些草药。如果你是一个聪明的孩子，你应该可以让采到的草药的总价值最大。"

如果你是辰辰，你能完成这个任务吗？

输入：第一行为 2 个整数 $T(1\leqslant T\leqslant 1000)$ 和 $M(1\leqslant M\leqslant 100)$，用一个空格隔开，$T$ 代表总共能够用来采药的时间，M 代表山洞里草药的数目。接下来的 M 行每行包括两个在 1 到 100 之间(包括 1 和 100)的整数，分别表示采摘某株草药的时间和这株草药的价值。

输出：输出在规定的时间内可以采到的草药的最大总价值。

注：题目出自 https://www.luogu.com.cn/problem/P1048。

样例输入：

```
70 3
71 100
69 1
1 2
```

样例输出：

```
3
```

算法解析：

根据题意，这是一道 01 背包问题。以样例为例，已知有 $n=3$ 个物品，背包容量 $W=70$，每个物品的质量 $w_i=\{71,69,1\}$，价值 $v_i=\{100,1,2\}$。显然应选取第 2、第 3 个物品，可以获得的最大价值为 3。具体分析请见例 37.1，此处略。

编写程序：

根据以上算法解析，可以编写程序如图 37.4 所示。

```
00 #include<bits/stdc++.h>
01 using namespace std;
02 int T,m,t[105],v[105],dp[1005];
03 int main(){
04     cin>>T>>m;
05     for(int i=1;i<=m;i++) cin>>t[i]>>v[i];
06     for(int i=1;i<=m;i++)
07         for(int j=T;j>=t[i];j--)
08             dp[j]=max(dp[j],dp[j-t[i]]+v[i]);
09     cout<<dp[T]<<endl;
10     return 0;
11 }
```

图 37.4

运行结果：

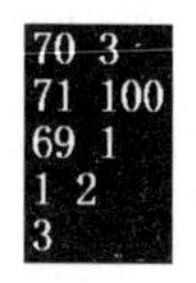

成果篮

本节课你有什么收获？

第38课 完全背包问题

导学牌

(1) 理解完全背包问题及其算法思想。

(2) 体会完全背包问题的普通(三维)策略和优化(二维、一维)策略。

(3) 学会使用完全背包模型解决疯狂的采药问题。

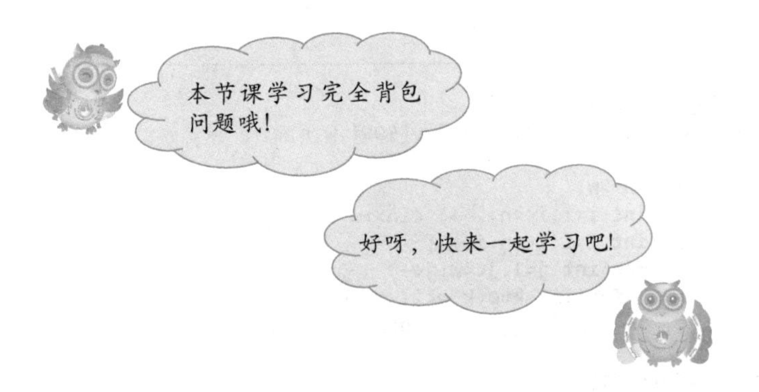

学习坊

【例 38.1】 完全背包问题。有 n 个物品和一个容量为 W 的背包,已知每个物品的质量为 w_i,价值为 v_i。现在要求从中选取一些物品放入背包,注意每个物品可以被选择任意多次,在不超过背包容量 W 的前提下使获得的总价值最大,并输出最大价值。这一问题被称为完全背包问题。

输入:第一行为两个整数 n 和 $W(1\leqslant n\leqslant 500,1\leqslant W\leqslant 10^4)$,用空格隔开,分别表示物品数量和背包容积。接下来 n 行,每行两个整数 w_i 和 $v_i(1\leqslant w_i,v_i\leqslant 10^4)$,用空格隔开,分别表示第 i 件物品的质量和价值。

输出:输出一个整数,表示最大价值。

样例输入:

```
4 5
2 3
1 2
3 4
2 4
```

样例输出:

```
10//(第 2 个选 1 次,第 4 个选 2 次)
```

算法解析:

根据题意,不同于 01 背包,在完全背包问题中,一次物品可以选取任意多次。同样地,

定义状态 $f(i,j)$，用来表示在前 i 个物品中选取总质量不超过背包容量 j 的最大价值。

在完全背包问题中，计算 $f(i,j)$ 时，同 01 背包一样，也是考虑第 i 个物品是否被选择而分为两种策略，但在第 i 个物品被选择时是不同的。

(1) 如果第 i 个物品未被选择，同 01 背包一样，问题转移到：在前 $i-1$ 个物品中选取总质量不超过 j 的最大价值。即答案为 $f(i,j)=f(i-1,j)$。

(2) 如果第 i 个物品被选择，问题并不会直接转移到 $f(i-1,j-w_i)$ 这个状态。这是因为每个物品可以(在不超过背包容量 j 的前提下)任选多次。也就是说，第 i 个物品可以放 1，2，…，k 次，直到放不下($j-k*w_i<0$)为止。即答案为 $f(i,j)=f(i-1,j-k*w_i)+k*v_i$。

根据以上策略，可以得出转移方程如下：

$$f(i,j)=\max(f(i-1,j),f(i-1,j-k*w_i)+k*v_i),\quad k=0,1,2,\cdots$$

编写程序：

根据以上算法解析，可以编写程序如图 38.1 所示。

```
00 #include<bits/stdc++.h>
01 using namespace std;
02 int dp[505][10005],w[505],v[505],W,n,m;
03 int main(){
04     cin>>n>>W;
05     for(int i=1;i<=n;i++) cin>>w[i]>>v[i];
06     for(int i=1;i<=n;i++){
07         for(int j=1;j<=W;j++)
08           for(int k=0;k*w[i]<=j;k++)//第i个物品选0、1...k次
09             dp[i][j]=max(dp[i-1][j],dp[i][j-k*w[i]]+k*v[i]);
10     }
11     cout<<dp[n][W]<<endl;
12     return 0;
13 }
```

图 38.1

运行结果：

```
4 5
2 3
1 2
3 4
2 4
10
```

程序采用了三重循环解决完全背包问题。时间复杂度为 $O(nW^2)$，这样时间复杂度显然不够好。该如何优化以上策略呢？

(1) 优化成二维数组的策略。

首先，分别将两个状态 $f(i,j)$ 和 $f(i,j-w_i)$ 展开，具体如下。

$f(i,j)=\max(f(i-1,j),f(i-1,j-w_i)+v_i,f(i-1,j-2*w_i)+2*v_i,f(i-1,j-3*w_i)+3*v_i,\cdots)$

$f(i,j-w_i)=\max(f(i-1,j-w_i),f(i-1,j-2*w_i)+v_i,f(i-1,j-3*w_i)+2*v_i,\cdots)$

然后，经对比可以很容易发现：状态 $f(i,j)$ 从第 2 项开始，每一项都比状态 $f(i,j-w_i)$ 多一个 v_i。

最后,原转移方程可以简化为

$$f(i,j)=\begin{cases}f(i-1,j) & (j<w_i)\\ \max(f(i-1,j),f(i,j-w_i)+v_i) & (j\geqslant w_i)\end{cases}$$

综上分析,此时的时间复杂度函数已降为 $O(nW)$。

具体参考代码如图 38.2 所示。

```
00 #include<bits/stdc++.h>
01 using namespace std;
02 int dp[505][10005],w[505],v[505],W,n,m;
03 int main(){
04     cin>>n>>W;
05     for(int i=1;i<=n;i++) cin>>w[i]>>v[i];
06     for(int i=1;i<=n;i++){
07         for(int j=1;j<=W;j++){
08             dp[i][j]=dp[i-1][j];
09             if(j>=w[i])
10                 dp[i][j]=max(dp[i-1][j],dp[i][j-w[i]]+v[i]);
11         }
12     }
13     cout<<dp[n][W]<<endl;
14     return 0;
15 }
```

图 38.2

(2) 优化成一维数组的策略,参考程序如图 38.3 所示。

```
00 #include<bits/stdc++.h>
01 using namespace std;
02 int n,W,dp[10005],w[505],v[505];
03 int main(){
04     cin>>n>>W;
05     for(int i=1;i<=n;i++) cin>>w[i]>>v[i];
06     for(int i=1;i<=n;i++){
07         for(int j=w[i];j<=W;j++)   //j是正序枚举
08             dp[j]=max(dp[j],dp[j-w[i]]+v[i]);
09     }
10     cout<<dp[W]<<endl;
11     return 0;
12 }
```

图 38.3

对比图 38.3 和图 37.2,可以很容易发现:完全背包和 01 背包的区别仅仅是完全背包的(第 7 行)j 是正序枚举,而 01 背包的 j 是倒序枚举。其实在第 37 课已经介绍过为什么 01 背包的一维策略需要倒序枚举,是因为要避免物品被重复选择。而完全背包与 01 背包的区别就在于它可以重复(在不超过背包容量下)选取物品任意次。因此,仅需要将 j 正序枚举就成了完全背包的一维策略。

【例 38.2】 疯狂的采药。小玉是个天资聪颖的孩子,他的梦想是成为世界上最伟大的医师。为此,他想拜附近最有威望的医师为师。医师为了判断他的资质,给他出了一个难题。医师把他带到一个到处都是草药的山洞里对他说:“孩子,这个山洞里有一些不同种类的草药,采每一种都需要一些时间,每一种也有它自身的价值。我会给你一段时间,在这段时间里,你可以采到一些草药。如果你是一个聪明的孩子,你应该可以让采到的草药的总价值最大。”

如果你是小玉,你能完成这个任务吗?

此题和原题的不同点：

(1) 每种草药可以无限制地疯狂采摘；

(2) 药的种类眼花缭乱，采药时间很长很长。

输入：第一行有 2 个整数 $T(1\leqslant T\leqslant 1000)$ 和 $M(1\leqslant M\leqslant 100)$，用一个空格隔开，$T$ 代表总共能够用来采药的时间，M 代表山洞里的草药的数目。接下来的 M 行每行包括两个在 1 到 100 之间(包括 1 和 100)的整数，分别表示采摘某株草药的时间和这株草药的价值。

输出：输出在规定的时间内可以采到的草药的最大总价值。

注：题目出自 https://www.luogu.com.cn/problem/P1616。

样例输入：

```
70 3
71 100
69 1
1 2
```

样例输出：

```
140
```

算法解析：

根据题意，这是一道完全背包问题。以样例为例，已知有 $n=3$ 个物品，背包容量 $W=70$，每个物品的质量 $w_i=\{71,69,1\}$，价值 $v_i=\{100,1,2\}$。显然应选取第 3 个物品 70 次，可以获得的最大价值为 140。

具体分析请见例 38.2，此处略。

编写程序：

根据以上算法解析，可以编写程序如图 38.4 所示。

```
00 #include<bits/stdc++.h>
01 using namespace std;
02 const int N=1e7+5;
03 int T,m,t[10005],v[10005];
04 long long dp[N];
05 int main(){
06     cin>>T>>m;
07     for(int i=1;i<=m;i++) cin>>t[i]>>v[i];
08     for(int i=1;i<=m;i++)
09       for(int j=t[i];j<=T;j++)
10         dp[j]=max(dp[j],dp[j-t[i]]+v[i]);
11     cout<<dp[T]<<endl;
12     return 0;
13 }
```

图 38.4

运行结果：

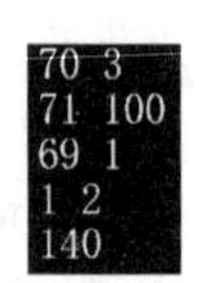

成果篮

本节课你有什么收获？

第 39 课　最长上升子序列

导学牌

(1) 理解最长上升子序列问题及其算法思想。

(2) 体会最长上升子序列问题的普通策略和优化策略。

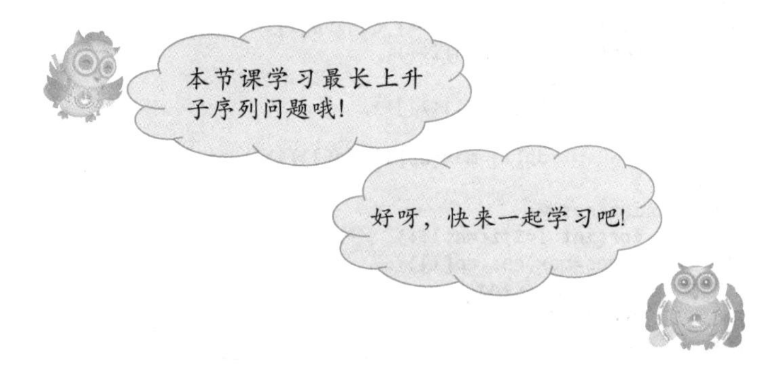

学习坊

【例 39.1】 最长上升子序列。给定一个长度为 n 的序列 a，求出这个序列中的最长上升子序列。上升子序列指的是对于任意 $i<j$ 都满足 $a_i<a_j$ 的子序列。

这个问题被称为最长上升子序列问题(longest increasing subsequence,LIS)

输入：第一行为一个整数 n，表示序列的长度。第二行为 n 个整数 a_i($0\leqslant a_i\leqslant 10^4$)。

输出：输出一个整数，表示最长上升子序列的长度。

注：题目出自 http://poj.org/problem?id=2533。

样例输入：

```
7
1 7 3 5 9 4 8
```

样例输出：

```
4//(最长子序列为 1,3,4,8。不唯一)
```

算法解析：

根据题意，这是一道经典的最长上升子序列问题，一般使用动态规划来解决效率更高。

首先，定义状态 $f(i)$：用来表示以第 i 个数 a_i 结尾的最长上升子序列的长度。

然后，计算状态 $f(i)$时，可以考虑以第 i 个数 a_i 结尾的上升子序列的情况。

(1) 只包含第 i 个数 a_i 的子序列，问题转移到：以 a_i 自己结尾的最长上升子序列的长度为 1，即答案是 $f(i)=1$。

(2) 包含第 i 个数 a_i 的子序列，问题转移到：在满足 $j<i$ 且 $a_j<a_i$ 的以 a_i 结尾的最长上升子序列的长度，再加上 1。即答案为 $f(i)=\max(f(j)+1), j=0,1,2,\cdots,i-1$。

根据以上策略，可以得到转移方程如下：

$$f(i)=\max(1,f(j)+1),\quad j=0,1,2,\cdots,i-1 \text{且} a_j<a_i$$

最后，由于状态 $f(i)$ 只与小于 i 的 j 有关，因此对于每一个 i，只需要依次遍历 j 就可以求出整个以第 i 个数 a_i 结尾的上升子序列的最大值 dp[i]。可见时间复杂度为 $O(n^2)$。

编写程序：

根据以上算法解析，可以编写程序如图 39.1 所示。

```
00 #include<iostream>
01 using namespace std;
02 const int N=1010;
03 int n,a[N];
04 int dp[N];                    //以a[i]结尾的LIS的长度
05 int main(){
06     cin>>n;
07     for(int i=1;i<=n;i++) cin>>a[i];
08     for(int i=1;i<=n;i++){
09         dp[i]=1;              //初始化边界条件
10         for(int j=1;j<i;j++)
11           if(a[j]<a[i])
12             dp[i]=max(dp[i],dp[j]+1);
13     }
14     int res=0;
15     for(int i=1;i<=n;i++)  //依次枚举找出dp[i]最大值
16       res=max(res,dp[i]);
17     cout<<res<<endl;
18     return 0;
19 }
```

图 39.1

运行结果：

```
7
1 7 3 5 9 4 8
4
```

思考：能否优化以上策略，将时间复杂度函数从 $O(n^2)$ 降为 $O(n\log n)$。

答案是肯定的。上述策略中，我们定义的状态 $f(i)$ 求的是以最末位元素结尾的最长子序列。现在我们可以反过来：求子序列长度相同情况下最小的末尾元素 a_i。

因此，定义状态 $f(i)$，用来表示长度为 $i+1$ 的上升子序列中末尾元素的最小值。

对于，每个 a_j，如果有 $f(i-1)<a_j$（其中 $i>1$），那么就更新 $f(i)=a_j$。可以确定的是 $f(i)$ 中的值肯定逐步递增地增加。因此，可以使用二分答案，不断地更新 a_j。在时间复杂度为 $O(n\log n)$ 时间内可以求出结果。

以样例为例，已知 $n=7$，$a[\,]=\{1,7,3,5,9,4,8\}$，假设数组 dp[]用于存放 $f(i)$ 中的值，初始化 dp[1]=1（第 1 个元素 $a[1]=1$）。

具体实现过程如图 39.2 所示。

根据以上分析，优化策略的参考程序如图 39.3 所示。

程序说明：

程序的第 15 行使用了 STL 中的函数 lower_bound()代替二分答案程序查找第一个大于或等于 $a[i]$ 的元素所在位置。在第 24 课二分答案中有详细介绍。虽然此函数看上去略微复杂，但熟练后，使用十分方便。因此，建议大家掌握，便于必要时灵活使用。

	1	2	3	4	5	6	7
a[i]	1	7	3	5	9	4	8

初始化dp[1]=*a*[1]

	1	2	3	4	5	6	7
dp[i]	1						

由于dp[1]<*a*[2]，则有dp[2]=*a*[2]

	1	2	3	4	5	6	7
dp[i]	1	7					

由于dp[2]>*a*[3]，则有dp[2]=*a*[3]

	1	2	3	4	5	6	7
dp[i]	1	3					

由于dp[2]<*a*[4]，则有dp[3]=*a*[4]

	1	2	3	4	5	6	7
dp[i]	1	3	5				

由于dp[3]<*a*[5]，则有dp[4]=*a*[5]

	1	2	3	4	5	6	7
dp[i]	1	3	5	9			

由于dp[3]与dp[4]都大于*a*[6]，更新dp[3]=*a*[6]

	1	2	3	4	5	6	7
dp[i]	1	3	4	9			

由于dp[4]>*a*[7]，则有dp[4]=*a*[7]

	1	2	3	4	5	6	7
dp[i]	1	3	4	8			

最长子序列是{1，3，4，8}，长度为4

图 39.2

```
00 #include<iostream>
01 #include<algorithm>
02 using namespace std;
03 int const N=1e5+5;
04 int a[N],dp[N],n,pos,len;
05 int main(){
06     cin>>n;
07     for(int i=1;i<=n;i++) cin>>a[i];
08     dp[1]=a[1];
09     len=1;                   //初始化dp的长度
10     for(int i=2;i<=n;i++){
11         if(a[i]>dp[len]){   //如果a[i]>dp的末尾元素
12             len++;          //更新dp的长度
13             dp[len]=a[i];   //将a[i]放入dp的末尾
14         }else{              //否则，替换第一个>=a[i]的元素
15             pos=lower_bound(dp+1,dp+len+1,a[i])-dp;
16             dp[pos]=a[i];
17         }
18     }
19     cout<<len<<endl;        //输出dp的长度
20     return 0;
21 }
```

图 39.3

成果篮

本节课你有什么收获？

第 40 课　最长公共子序列

导学牌

（1）理解最长公共子序列问题及其算法思想。

（2）掌握最长公共子序列问题的算法实现。

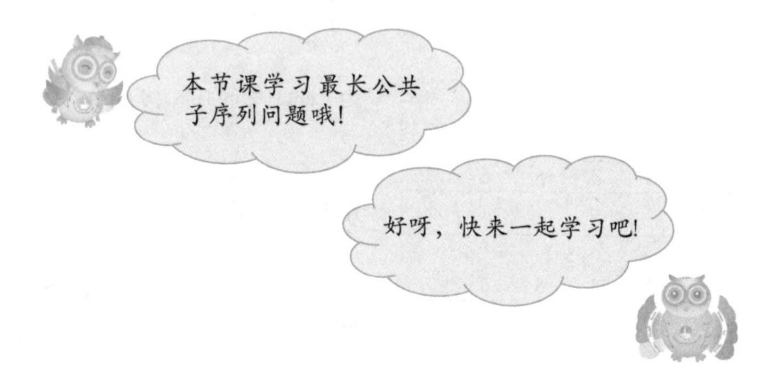

学习坊

【例 40.1】　最长公共子序列。给定长度分别为 n 和 m 的两个序列 A 和 B,要求计算出 A 和 B 的最长公共子序列的长度。公共子序列是指如果存在一个序列 C,既是 A 的子序列又是 B 的子序列,那么,C 就是 A 和 B 的一个公共子序列。例如,$A=\{1,4,8,2,6\}$,$B=\{1,3,4,2,5\}$,最长公共子序列为$\{1,4,2\}$,长度为 3。

这个问题被称为最长公共子序列问题(longest common subsequence,LCS)。

输入:输入包含多组测试数据。每组数据一行,包含两个序列 A 和 B,保证序列长度不超过 200。

输出:输出一个整数,对每组输入数据,输出一行,给出序列 A 和 B 的最长公共子序列的长度。

注:题目出自 http://poj.org/problem?id=1458。

样例输入:

```
abcfbc          abfcab
programming     contest
abcd            mnp
```

样例输出:

```
4//(第一组:{a,b,c,b})
2//(第二组:{o,n})
0//(第三组:无)
```

算法解析:

根据题意,这是一道最长公共子序列问题,是一类经典的动态规划问题。

首先,定义状态 $f(i,j)$：用来表示序列 A 的前 i 项和 B 的前 j 项的最长公共子序列的长度。

然后,计算状态 $f(i,j)$时,可以考虑以 A_i 和 B_j 是否在最长公共子序列中。

(1) 如果都在其中,则说明 $A_i=B_j$,问题转移到：求解 A_{i-1} 和 B_{j-1} 的最长公共子序列的长度加 1,即答案是 $f(i,j)=f(i-1,j-1)+1$。

(2) 如果 A_i 不在其中,问题转移到：求解 A_{i-1} 和 B_j 的最长公共子序列的长度。即答案是 $f(i,j)=f(i-1,j)$。

(3) 如果 B_i 不在其中,问题转移到：求解 A_i 和 B_{j-1} 的最长公共子序列的长度。即答案是 $f(i,j)=f(i,j-1)$。

根据以上策略,可以得到转移方程如下：

$$f(i,j)=\begin{cases} f(i-1,j-1)+1 & (A_i=B_j) \\ \max\{f(i-1,j),f(i,j-1)\} & (A_i \neq B_i) \end{cases}$$

最后,从上述过程可以看出,每个状态可以用 $O(1)$的时间转移而得。因此,时间复杂度为 $O(nm)$。

以第一组样例为例,已知序列 A=abcfbc,B=abfcab,$n=6$,$m=6$。具体实现过程如下。

(1) 初始化边界条件,当 $i=0$ 或 $j=0$ 时,有 $f(i,j)=0$,即当序列 A 或 B 其中之一为 0 时,A 和 B 的最长公共子序列的长度必定为 0,如表 40.1 所示。

表 40.1

		0	1	2	3	4	5	6
	j \ i $f(i,j)$	0	a	b	f	c	a	b
0	0	0	0	0	0	0	0	0
1	a	0						
2	b	0						
3	c	0						
4	f	0						
5	b	0						
6	c	0						

(2) 按转移方程计算出序列 A 的前 1 项和 B 的前 j($j=1,2,\cdots,6$)项的最长公共子序列的长度,如表 40.2 所示。

当 $j=1$,a=a 时,有 $f(1,1)=\max\{f(0,1),f(1,0),f(0,0)+1\}=1$。

当 $j=2$,a≠b 时,有 $f(1,2)=\max\{f(0,2),f(0,1)\}=1$。

当 $j=3$,a≠f 时,有 $f(1,3)=\max\{f(0,3),f(0,2)\}=1$。

当 $j=4$,a≠c 时,有 $f(1,4)=\max\{f(0,4),f(0,3)\}=1$。

当 $j=5$,a=a 时,有 $f(1,5)=\max\{f(0,5),f(1,4),f(0,4)+1\}=1$。

当 $j=6$,a≠b 时,有 $f(1,6)=\max\{f(0,6),f(0,5)\}=1$。

表 40.2

	0	1	2	3	4	5	6
i \ j $f(i,j)$	0	a	b	f	c	a	b
0 (0)	0	0	0	0	0	0	0
1 (a)	0	1	1	1	1	1	1
2 (b)	0						
3 (c)	0						
4 (f)	0						
5 (b)	0						
6 (c)	0						

(3) 按转移方程计算出序列 A 的前 2 项和 B 的前 $j(j=1,2,\cdots,6)$项的最长公共子序列的长度，如表 40.3 所示。

当 $j=1$，$b\neq a$ 时，有 $f(2,1)=\max\{f(1,1),f(2,0)\}=1$。

当 $j=2$，$b=b$ 时，有 $f(2,2)=\max\{f(1,2),f(2,1),f(1,1)+1\}=2$。

当 $j=3$，$b\neq f$ 时，有 $f(2,3)=\max\{f(1,3),f(2,2)\}=2$。

当 $j=4$，$b\neq c$ 时，有 $f(2,4)=\max\{f(1,4),f(2,3)\}=2$。

当 $j=5$，$b\neq a$ 时，有 $f(2,5)=\max\{f(1,5),f(2,4)\}=2$。

当 $j=6$，$b=b$ 时，有 $f(2,6)=\max\{f(1,6),f(2,5),f(1,5)+1\}=2$。

表 40.3

	0	1	2	3	4	5	6
i \ j $f(i,j)$	0	a	b	f	c	a	b
0 (0)	0	0	0	0	0	0	0
1 (a)	0	1	1	1	1	1	1
2 (b)	0	1	2	2	2	2	2
3 (c)	0						
4 (f)	0						
5 (b)	0						
6 (c)	0						

(4) 按转移方程计算出序列 A 的前 3 项和 B 的前 $j(j=1,2,\cdots,6)$项的最长公共子序列的长度，如表 40.4 所示。

当 $j=1$，$c\neq a$ 时，有 $f(3,1)=\max\{f(2,1),f(3,0)\}=1$。

当 $j=2$，$c\neq b$ 时，有 $f(3,2)=\max\{f(2,2),f(3,1)\}=2$。

当 $j=3$，$c\neq f$ 时，有 $f(3,3)=\max\{f(2,3),f(3,2)\}=2$。

当 $j=4$，$c=c$ 时，有 $f(3,4)=\max\{f(2,4),f(3,3),f(2,3)+1\}=3$。

当 $j=5$，c≠a 时，有 $f(3,5)=\max\{f(2,5),f(3,4)\}=3$。

当 $j=6$，c≠b 时，有 $f(3,6)=\max\{f(2,6),f(3,5)\}=3$。

表 40.4

	i \ j $f(i,j)$	0 0	1 a	2 b	3 f	4 c	5 a	6 b
0	0	0	0	0	0	0	0	0
1	a	0	1	1	1	1	1	1
2	b	0	1	2	2	2	2	2
3	c	0	1	2	2	3	3	3
4	f	0						
5	b	0						
6	c	0						

(5) 按转移方程计算出序列 A 的前 4 项和 B 的前 j ($j=1,2,\cdots,6$)项的最长公共子序列的长度，如表 40.5 所示。

当 $j=1$，f≠a 时，有 $f(4,1)=\max\{f(3,1),f(4,0)\}=1$。

当 $j=2$，f≠b 时，有 $f(4,2)=\max\{f(3,2),f(4,1)\}=2$。

当 $j=3$，f=f 时，有 $f(4,3)=\max\{f(3,3),f(4,2),f(3,2)+1\}=3$。

当 $j=4$，f≠c 时，有 $f(4,4)=\max\{f(3,4),f(4,3)\}=3$。

当 $j=5$，f≠a 时，有 $f(4,5)=\max\{f(3,5),f(4,4)\}=3$。

当 $j=6$，f≠b 时，有 $f(4,6)=\max\{f(3,6),f(4,5)\}=3$。

表 40.5

	i \ j $f(i,j)$	0 0	1 a	2 b	3 f	4 c	5 a	6 b
0	0	0	0	0	0	0	0	0
1	a	0	1	1	1	1	1	1
2	b	0	1	2	2	2	2	2
3	c	0	1	2	2	3	3	3
4	f	0	1	2	3	3	3	3
5	b	0						
6	c	0						

(6) 按转移方程计算出序列 A 的前 5 项和 B 的前 j ($j=1,2,\cdots,6$)项的最长公共子序列的长度，如表 40.6 所示。

当 $j=1$，b≠a 时，有 $f(5,1)=\max\{f(4,1),f(5,0)\}=1$。

当 $j=2$，b=b 时，有 $f(5,2)=\max\{f(4,2),f(5,1),f(4,1)+1\}=2$。

当 $j=3$，b≠f 时，有 $f(5,3)=\max\{f(4,3),f(5,2)\}=3$。

当 $j=4$，b≠c 时，有 $f(5,4)=\max\{f(4,4),f(5,3)\}=3$。

当 $j=5$，b≠a 时，有 $f(5,5)=\max\{f(4,5),f(5,4)\}=3$。

当 $j=6$，b=b 时，有 $f(5,6)=\max\{f(4,6),f(5,5),f(4,5)+1\}=4$。

表 40.6

		0	1	2	3	4	5	6
	j \ $f(i,j)$ \ i	0	a	b	f	c	a	b
0	0	0	0	0	0	0	0	0
1	a	0	1	1	1	1	1	1
2	b	0	1	2	2	2	2	2
3	c	0	1	2	2	3	3	3
4	f	0	1	2	3	3	3	3
5	b	0	1	2	3	3	3	4
6	c	0						

(7) 按转移方程计算出序列 A 的前 6 项和 B 的前 $j(j=1,2,\cdots,6)$ 项的最长公共子序列的长度，如表 40.7 所示。

当 $j=1$，c≠a 时，有 $f(6,1)=\max\{f(5,1),f(6,0)\}=1$。

当 $j=2$，c≠b 时，有 $f(6,2)=\max\{f(5,2),f(6,1)\}=2$。

当 $j=3$，c≠f 时，有 $f(6,3)=\max\{f(5,3),f(6,2)\}=3$。

当 $j=4$，c=c 时，有 $f(6,4)=\max\{f(5,4),f(6,3),f(5,3)+1\}=3$。

当 $j=5$，c≠a 时，有 $f(6,5)=\max\{f(5,5),f(6,4)\}=3$。

当 $j=6$，c≠b 时，有 $f(6,6)=\max\{f(5,6),f(6,5)\}=4$。

表 40.7

		0	1	2	3	4	5	6
	j \ $f(i,j)$ \ i	0	a	b	f	c	a	b
0	0	0	0	0	0	0	0	0
1	a	0	1	1	1	1	1	1
2	b	0	1	2	2	2	2	2
3	c	0	1	2	2	3	3	3
4	f	0	1	2	3	3	3	3
5	b	0	1	2	3	3	3	4
6	c	0	1	2	3	4	4	4

$f(6,6)=4$ 就是最终答案。即 A 的前 6 项和 B 的前 6 项的最长公共子序列的长度为 6。

编写程序：

根据以上算法解析，可以编写程序如图 40.1 所示。

```
00 #include<iostream>
01 #include<cstring>
02 using namespace std;
03 char a[5005],b[5005];
04 int n,m,dp[5005][5005];
05 int main(){
06     while (cin>>a+1>>b+1 && a+1 && b+1){
07         n=strlen(a+1);
08         m=strlen(b+1);
09         for (int i=1;i<=n;i++)
10             for (int j=1;j<=m;j++){
11                 dp[i][j]=max(dp[i-1][j],dp[i][j-1]);
12                 if (a[i]==b[j])
13                   dp[i][j]=max(dp[i][j],dp[i-1][j-1]+1);
14             }
15         cout<<dp[n][m]<<endl;
16     }
17 }
```

图 40.1

运行结果：

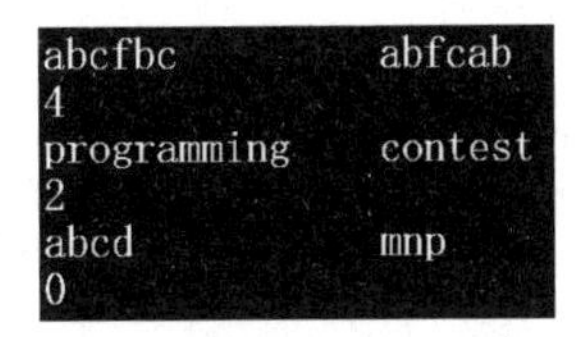

程序说明：

程序的第 6 行，语句“cin >> a+1 >> b+1 && a+1 && b+1”表示程序实现多组数据测试。即每次读入两个字符串 a 和 b，且 a 和 b 都为真时，可进入循环体内。另外还须注意：此处的字符串 a 和 b 是从下标为 1 的位置开始读入的。

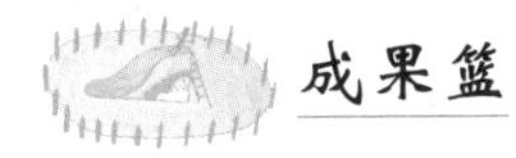

成果篮

本节课你有什么收获？

第 41 课　最小编辑距离

导学牌

（1）理解最小编辑距离问题及其算法思想。

（2）掌握最小编辑距离问题的算法实现。

学习坊

【例 41.1】 最小编辑距离。设 A 和 B 是两个字符串。我们要用最少的字符操作次数，将字符串 A 转换为字符串 B。这里所说的字符操作共有以下三种。

（1）删除一个字符。

（2）添加一个字符。

（3）将一个字符改为另一个字符。

A 和 B 均只包含小写字母。

输入：第一行为字符串 A；第二行为字符串 B；字符串 A 和 B 的长度均小于 2000。

输出：输出一个整数，为最少字符操作次数。

注：题目出自 https://www.luogu.com.cn/problem/P2758。

样例输入：

```
sfdqxbw
gfdgw
```

样例输出：

```
4
```

算法解析：

这是一道最小编辑距离问题，和 LCS 问题类型一样，也是一类经典的动态规划问题。

根据题意可知，题目中的三种操作可以理解成以下三种情况。

（1）删除 A 中某一个字符。

（2）删除 B 中的某一个字符（即在字符串 A 中添加字符等价于删除字符串 B 中的对应字符）。

(3) 将 A 中的某一个字符修改成任意字符。

首先,定义状态 $f(i,j)$:用来表示将字符串 A 的前 i 个字符修改成字符串 B 的前 j 个字符的最小操作数。

然后,计算状态 $f(i,j)$时,可以考虑 A 的第 i 个字符 A_i 和 B 的第 j 个字符 B_j 是否可以保留。

(1) 如果 A_i 被删掉,问题转移到:求解将 A 的前 $i-1$ 个字符修改成 B 的前 j 个字符的最小操作数。即答案是 $f(i,j)=f(i-1,j)+1$。

(2) 如果 B_i 被删掉,问题转移到:求解将 A 的前 i 个字符修改成 B 的前 $j-1$ 个字符的最小操作数。即答案是 $f(i,j)=f(i,j-1)+1$。

(3) 如果 A_i 和 B_i 都保留,说明 A_i 匹配了 B_j。问题转移到:求解将 A 的前 $i-1$ 个字符修改成 B 的前 $j-1$ 个字符的最小操作数,再加 0 或者 1(如果 $A_i=B_i$,则加 0,否则加 1)。即答案是 $f(i,j)=f(i-1,j-1)+[A_i=B_i]$(0 或 1)。

根据以上策略,可以得到转移方程如下:

$$f(i,j)=\min\{f(i-1,j)+1,f(i,j-1)+1,f(i-1,j-1)+[A_i=B_i](0\text{ 或 }1)\}$$

同样 LCS 一样,最小编辑距离的时间复杂度为 $O(nm)$。

最后,在之前的动态规划问题中,比如背包问题、LCS 等,我们并没有对边界情况做另行处理,是因为边界情况恰巧和数组的初始值一样都为 0。而本题的边界情况是非 0 的状态,因此必须特别注意,边界情况处理具体如下。

(1) 当 $j=0$ 时,有 $f(i,0)=i$,即将 A 的前 i 个字符修改成空,需要操作 i 次。

(2) 当 $i=0$ 时,有 $f(0,j)=j$,即将 B 的前 j 个字符修改成空,需要操作 j 次。

以样例为例,已知序列 A=sfdqxbw,B=gfdgw,$n=7$,$m=5$。具体实现过程如下。

(1) 初始化边界条件,当 $i=0$ 或 $j=0$ 时,有 $f(0,j)=j$ 和 $f(i,0)=i$,如表 41.1 所示。

表 41.1

		0	1	2	3	4	5
	i \ j $f(i,j)$	0	g	f	d	g	w
0	0	0	1	2	3	4	5
1	s	1					
2	f	2					
3	d	3					
4	q	4					
5	x	5					
6	b	6					
7	w	7					

(2) 按转移方程将字符串 A 的前 1 个字符修改成字符串 B 的前 j 个字符的最小操作数,如表 41.2 所示。

当 $j=1$ 时,有 $f(1,1)=\min\{f(0,1)+1,f(1,0)+1,f(0,0)+1\}=1$。

当 $j=2$ 时,有 $f(1,2)=\min\{f(0,2)+1,f(1,1)+1,f(0,1)+1\}=2$。

当 $j=3$ 时,有 $f(1,3)=\min\{f(0,3)+1,f(1,2)+1,f(0,2)+1\}=3$。

当 $j=4$ 时，有 $f(1,4)=\min\{f(0,4)+1, f(1,3)+1, f(0,3)+1\}=4$。

当 $j=5$ 时，有 $f(1,5)=\min\{f(0,5)+1, f(1,4)+1, f(0,4)+1\}=5$。

表 41.2

		0	1	2	3	4	5
	j / $f(i,j)$ / i	0	g	f	d	g	w
0	0	0	1	2	3	4	5
1	s	1	1	2	3	4	5
2	f	2					
3	d	3					
4	q	4					
5	x	5					
6	b	6					
7	w	7					

(3) 按转移方程将字符串 A 的前 2 个字符修改成字符串 B 的前 j 个字符的最小操作数，如表 41.3 所示。

当 $j=1$ 时，有 $f(2,1)=\min\{f(1,1)+1, f(2,0)+1, f(1,0)+1\}=2$。

当 $j=2$ 时，有 $f(2,2)=\min\{f(1,2)+1, f(2,1)+1, f(1,1)+0\}=1$。

当 $j=3$ 时，有 $f(2,3)=\min\{f(1,3)+1, f(2,2)+1, f(1,2)+1\}=2$。

当 $j=4$ 时，有 $f(2,4)=\min\{f(1,4)+1, f(2,3)+1, f(1,3)+1\}=3$。

当 $j=5$ 时，有 $f(2,5)=\min\{f(1,5)+1, f(2,4)+1, f(1,4)+1\}=4$。

表 41.3

		0	1	2	3	4	5
	j / $f(i,j)$ / i	0	g	f	d	g	w
0	0	0	1	2	3	4	5
1	s	1	1	2	3	4	5
2	f	2	2	1	2	3	4
3	d	3					
4	q	4					
5	x	5					
6	b	6					
7	w	7					

(4) 按转移方程将字符串 A 的前 3 个字符修改成字符串 B 的前 j 个字符的最小操作数，如表 41.4 所示。

当 $j=1$ 时，有 $f(3,1)=\min\{f(2,1)+1, f(3,0)+1, f(2,0)+1\}=3$。

当 $j=2$ 时，有 $f(3,2)=\min\{f(2,2)+1, f(3,1)+1, f(2,1)+1\}=2$。

当 $j=3$ 时，有 $f(3,3)=\min\{f(2,3)+1, f(3,2)+1, f(2,2)+0\}=1$。

当 $j=4$ 时，有 $f(3,4)=\min\{f(2,4)+1, f(3,3)+1, f(2,3)+1\}=2$。

当 $j=5$ 时，有 $f(3,5)=\min\{f(2,5)+1, f(3,4)+1, f(2,4)+1\}=3$。

表 41.4

		0	1	2	3	4	5
	j / $f(i,j)$ / i	0	g	f	d	g	w
0	0	0	1	2	3	4	5
1	s	1	1	2	3	4	5
2	f	2	2	1	2	3	4
3	d	3	3	2	1	2	3
4	q	4					
5	x	5					
6	b	6					
7	w	7					

(5) 按转移方程将字符串 A 的前 4 个字符修改成字符串 B 的前 j 个字符的最小操作数，如表 41.5 所示。

当 $j=1$ 时，有 $f(4,1)=\min\{f(3,1)+1, f(4,0)+1, f(3,0)+1\}=4$。

当 $j=2$ 时，有 $f(4,2)=\min\{f(3,2)+1, f(4,1)+1, f(3,1)+1\}=3$。

当 $j=3$ 时，有 $f(4,3)=\min\{f(3,3)+1, f(4,2)+1, f(3,2)+1\}=2$。

当 $j=4$ 时，有 $f(4,4)=\min\{f(3,4)+1, f(4,3)+1, f(3,3)+1\}=2$。

当 $j=5$ 时，有 $f(4,5)=\min\{f(3,5)+1, f(4,4)+1, f(3,4)+1\}=3$。

表 41.5

		0	1	2	3	4	5
	j / $f(i,j)$ / i	0	g	f	d	g	w
0	0	0	1	2	3	4	5
1	s	1	1	2	3	4	5
2	f	2	2	1	2	3	4
3	d	3	3	2	1	2	3
4	q	4	4	3	2	2	3
5	x	5					
6	b	6					
7	w	7					

(6) 按转移方程将字符串 A 的前 5 个字符修改成字符串 B 的前 j 个字符的最小操作数，如表 41.6 所示。

当 $j=1$ 时，有 $f(5,1)=\min\{f(4,1)+1, f(5,0)+1, f(4,0)+1\}=5$。

当 $j=2$ 时，有 $f(5,2)=\min\{f(4,2)+1, f(5,1)+1, f(4,1)+1\}=4$。

当 $j=3$ 时，有 $f(5,3)=\min\{f(4,3)+1, f(5,2)+1, f(4,2)+1\}=3$。

当 $j=4$ 时，有 $f(5,4)=\min\{f(4,4)+1,f(5,3)+1,f(4,3)+1\}=3$。

当 $j=5$ 时，有 $f(5,5)=\min\{f(4,5)+1,f(5,4)+1,f(4,4)+1\}=3$。

表 41.6

		0	1	2	3	4	5
	i \ j $f(i,j)$	0	g	f	d	g	w
0	0	0	1	2	3	4	5
1	s	1	1	2	3	4	5
2	f	2	2	1	2	3	4
3	d	3	3	2	1	2	3
4	q	4	4	3	2	2	3
5	x	5	5	4	3	3	3
6	b	6					
7	w	7					

(7) 按转移方程将字符串 A 的前 6 个字符修改成字符串 B 的前 j 个字符的最小操作数，如表 41.7 所示。

当 $j=1$ 时，有 $f(6,1)=\min\{f(5,1)+1,f(6,0)+1,f(5,0)+1\}=6$。

当 $j=2$ 时，有 $f(6,2)=\min\{f(5,2)+1,f(6,1)+1,f(5,1)+1\}=5$。

当 $j=3$ 时，有 $f(6,3)=\min\{f(5,3)+1,f(6,2)+1,f(5,2)+1\}=4$。

当 $j=4$ 时，有 $f(6,4)=\min\{f(5,4)+1,f(6,3)+1,f(5,3)+1\}=4$。

当 $j=5$ 时，有 $f(6,5)=\min\{f(5,5)+1,f(6,4)+1,f(5,4)+1\}=4$。

表 41.7

		0	1	2	3	4	5
	i \ j $f(i,j)$	0	g	f	d	g	w
0	0	0	1	2	3	4	5
1	s	1	1	2	3	4	5
2	f	2	2	1	2	3	4
3	d	3	3	2	1	2	3
4	q	4	4	3	2	2	3
5	x	5	5	4	3	3	3
6	b	6	6	5	4	4	4
7	w	7					

(8) 按转移方程将字符串 A 的前 7 个字符修改成字符串 B 的前 j 个字符的最小操作数，如表 41.8 所示。

当 $j=1$ 时，有 $f(7,1)=\min\{f(6,1)+1,f(7,0)+1,f(6,0)+1\}=7$。

当 $j=2$ 时，有 $f(7,2)=\min\{f(6,2)+1,f(7,1)+1,f(6,1)+1\}=6$。

当 $j=3$ 时，有 $f(7,3)=\min\{f(6,3)+1,f(7,2)+1,f(6,2)+1\}=5$。

当 $j=4$ 时,有 $f(7,4)=\min\{f(6,4)+1,f(7,3)+1,f(6,3)+1\}=5$。

当 $j=5$ 时,有 $f(7,5)=\min\{f(6,5)+1,f(7,4)+1,f(6,4)+0\}=4$。

表 41.8

	$f(i,j)$	0	1	2	3	4	5
		0	g	f	d	g	w
0	0	0	1	2	3	4	5
1	s	1	1	2	3	4	5
2	f	2	2	1	2	3	4
3	d	3	3	2	1	2	3
4	q	4	4	3	2	2	3
5	x	5	5	4	3	3	3
6	b	6	6	5	4	4	4
7	w	7	7	6	5	5	4

$f(7,5)=4$ 就是最终答案。即将字符串 A 的前 7 个字符修改成字符串 B 的前 j 个字符的最小操作数为 4。

编写程序:

根据以上算法解析,可以编写程序如图 41.1 所示。

```
00 #include<bits/stdc++.h>
01 using namespace std;
02 const int N=2005;
03 char a[N],b[N];
04 int n,m,dp[N][N];
05 int main(){
06     cin>>a+1>>b+1;
07     n=strlen(a+1);
08     m=strlen(b+1);
09     for(int i=1;i<=n;i++) dp[i][0]=i;  //初始化
10     for(int j=1;j<=m;j++) dp[0][j]=j;  //初始化
11     for(int i=1;i<=n;i++)
12       for(int j=1;j<=m;j++){
13         dp[i][j]=min(dp[i-1][j],dp[i][j-1])+1;
14         dp[i][j]=min(dp[i][j],dp[i-1][j-1]+(a[i]!=b[j]));
15       }
16       cout<<dp[n][m]<<endl;
17       return 0;
18 }
```

图 41.1

运行结果:

sfdqxbw
gfdgw
4

程序说明:

程序中第 9、第 10 行初始化 dp,分别表示将 a 的前 i 个字符修改成空,需要操作 i 次;

将 b 的前 j 个字符修改成空，需要操作 j 次。

程序的第 14 行中，语句“(a[i]!=b[j])”表示表达式“a[i]!=b[j]”为真时，结果为 1；否则为 0。

注意：语句“(a[i]!=b[j])”两侧的括号必不可少。

成果篮

本节课你有什么收获？

第 42 课　背包计数问题

导学牌

(1) 掌握 01 背包计数 DP 的基本思想及其算法实现。

(2) 掌握完全背包计数 DP 的基本思想及其算法实现。

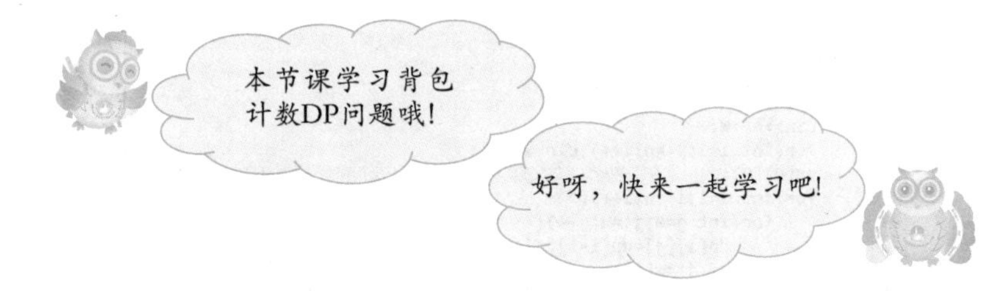

学习坊

【例 42.1】 01 背包计数。有 n 个物品和一个容量为 W 的背包，已知每个物品的质量为 w_i。现要求从中选取一些物品放入背包，总质量恰好为 W。问有多少种选取物品的方案。答案可能很大，要求答案为对 10^9+7 取模的结果。

输入：共两行，第一行为两个整数 n 和 $W(1\leqslant n\leqslant 500, 1\leqslant W\leqslant 10^4)$，用空格隔开，分别表示物品数量和背包容量；第二行为 n 个数，用空格隔开，分别表示每个物品的质量 $w_i(1\leqslant w_i\leqslant 10^4)$。

输出：输出一个整数，表示对 10^9+7 取模后的方案数。

样例输入：

```
5 6
1 2 3 4 5 6
```

样例输出：

```
3//(1+2+3=1+5=2+4)
```

算法解析：

在第 30～34 课的动态规划问题中，要求的答案通常是一个最优值(最大值或最小值)。例如 LCS、最小编辑距离等问题。

根据题意，不同于之前的动态规划问题，本题不再是求一个最优值，而是要求问题的方案数，像这样要求统计方案数的问题，称为计数问题，用动态规划算法思想来解决的计数问题，称为计数 DP 问题。本题为 01 背包计数 DP 问题。

首先，定义状态 $f(i,j)$：用来表示在前 i 个物品中，选取总质量恰好为 j 的方案数。

然后，计算状态 $f(i,j)$ 时，可以考虑第 i 个物品是否被选取而分为以下两种策略。

(1) 如果第 i 个物品未被选择，那么问题转化为：在前 $i-1$ 个物品中选取总质量恰好为 j 的方案数，即方案数为 $f(i,j)=f(i-1,j)$。

(2) 如果第 i 个物品被选择，那么问题转化为：在前 $i-1$ 个物品中选取总质量恰好为 $j-w_i$ 的方案数，即方案数为 $f(i,j)=f(i-1,j-w_i)$。

根据以上策略，可以得到转移方程如下：

$$f(i,j)=f(i-1,j)+f(i-1,j-w_i)$$

最后，$f(n,W)$就是所求方案数，即在前 n 个物品(全部物品)中选取总质量恰好为 W 的方案数。

边界情况：$f(0,0)=1$ 表示在前 0 个物品中，选取质量为 0 的方案数为 1；而对于 $j\geqslant1$ 时，有 $f(0,j)=0$。

编写程序：

根据以上算法解析，可以编写程序如图 42.1 所示。

```
00 #include<bits/stdc++.h>
01 using namespace std;
02 const int P=1e9+7;
03 int dp[505][10005],n,w[505],W;
04 int main(){
05     cin>>n>>W;
06     for(int i=1;i<=n;i++) cin>>w[i];
07     dp[0][0]=1;  //初始化，即在前0个物品中，选取质量为0的方案数为1
08     for(int i=1;i<=n;i++){
09         for(int j=0;j<=W;j++){
10             dp[i][j]=dp[i-1][j];
11             if(j>=w[i])
12                 dp[i][j]=(dp[i-1][j]+dp[i-1][j-w[i]])%P;
13         }
14     }
15     cout<<dp[n][W]<<endl;
16     return 0;
17 }
```

图 42.1

运行结果：

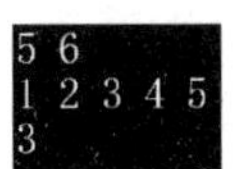

程序说明：

本题要求最终的方案数是对 10^9+7 取模的结果，从参考程序可以看出，程序并非在最后计算出最终方案数才对 10^9+7 取模，而是在(第 13 行)计算过程中就对 10^9+7 取模，这是为了避免在计算过程中就超出了 int 或者 long long 的范围，这一点需要特别注意。

在计数问题中，因答案通常会很大，所以经常要求答案为对某个数 P(通常 $P=10^9+7$)取模后的结果。有关取模运算的性质如下。

(1) $(a+b)\%p=(a\%p+b\%p)\%p$

(2) $(a-b)\%p=(a\%p-b\%p)\%p$

(3) $(a*b)\%p=(a\%p*b\%p)\%p$

注意：$(a/b)\%p\neq(a\%p)/(b\%p)$

【例 42.2】 完全背包计数。有 n 个物品和一个容量为 W 的背包，已知每个物品的质量为 w_i。现要求从中选取一些物品放入背包，每个物品可以选任意多次，总质量恰好为 W。问有多少种选取物品的方案。答案可能很大，要求答案为对 10^9+7 取模的结果。

输入：共两行，第一行为两个整数 n 和 $W(1\leqslant n\leqslant500,1\leqslant W\leqslant10^4)$，用空格隔开，分别表示物品数量和背包容量；第二行为 n 个数，用空格隔开，分别表示每个物品的质量

$w_i(1 \leqslant w_i \leqslant 10^4)$。

输出：输出一个整数，表示对 10^9+7 取模后的方案数。

样例输入：

```
3 4
1 2 3
```

样例输出：

```
4(1+1+1+1=1+1+2=1+3=2+2)
```

算法解析：

根据题意，这是一道完全背包计数 DP 问题。

首先，定义状态 $f(i,j)$，用来表示在前 i 个物品中，选取总质量恰好为 j 的方案数。

然后，计算状态 $f(i,j)$ 时，可以考虑第 i 个物品是否被选取而分为以下两种策略。

(1) 如果第 i 个物品未被选择，那么问题转化为：在前 $i-1$ 个物品中选取总质量恰好为 j 的方案数，即方案数为 $f(i,j)=f(i-1,j)$。

(2) 如果第 i 个物品被选择，不同于 01 背包计数，问题会转移到 $f(i,j-w_i)$ 上，即方案数为 $f(i,j)=f(i,j-w_i)$。

根据以上策略，可以得到转移方程如下：

$$f(i,j)=f(i-1,j)+f(i,j-w_i)$$

最后，$f(n,W)$ 就是所求方案数，即在前 n 个物品（全部物品）中选取总质量恰好为 W 的方案数。

边界情况：$f(0,0)=1$ 表示在前 0 个物品中，选取质量为 0 的方案数为 1。

编写程序：

根据以上算法解析，可以编写程序如图 42.2 所示。

```
00 #include<bits/stdc++.h>
01 using namespace std;
02 const int P=1e9+7;
03 int dp[505][10005],n,w[505],W;
04 int main(){
05     cin>>n>>W;
06     for(int i=1;i<=n;i++) cin>>w[i];
07     dp[0][0]=1;  //初始化，即在前0个物品中，选取质量为0的方案数为1
08     for(int i=1;i<=n;i++){
09         for(int j=0;j<=W;j++){
10             dp[i][j]=dp[i-1][j];
11             if(j>=w[i])
12                 dp[i][j]=(dp[i-1][j]+dp[i][j-w[i]])%P;
13         }
14     }
15     cout<<dp[n][W]<<endl;
16     return 0;
17 }
```

图 42.2

运行结果：

```
3 4
1 2 3
4
```

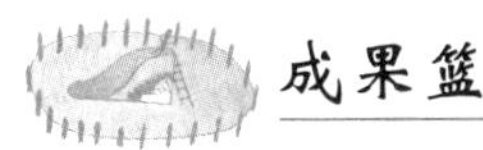

成果篮

本节课你有什么收获？

第 43 课　路径计数问题

导学牌

掌握路径计数 DP 的基本思想及其算法实现。

学习坊

【例 43.1】　路径计数问题 1。在一个 $N\times M$ 的棋盘上，有一颗棋子初始时位于左上角(1,1)的位置上，每次可以将这颗棋子向下或者向右移动一格，即若棋子位于(x,y)，每次可以移至$(x+1,y)$或$(x,y+1)$的位置上。

现要求将这颗棋子移至右下角(N,M)的位置上，问有多少种方案？答案可能很大，要求答案为对 10^9+7 取模的结果。

输入：共一行，两个整数，表示棋盘上右下角的位置 N 和 M，$1\leqslant N,M\leqslant 5000$。

输出：输出一个整数，表示对 10^9+7 取模后的方案数。

样例输入：

```
4 4
```

样例输出：

```
20
```

算法解析：

根据题意，这是一道路径计数 DP 问题。

首先，定义状态 $f(i,j)$：用来表示棋子从(1,1)移至(i,j)的方案数。

然后，由于(i,j)一定是从$(i-1,j)$或者$(i,j-1)$而来，因此可以得到的转移方程，即方案数如下：

$$f(i,j)=f(i-1,j)+f(i,j-1)$$

最后，处理边界情况：$f(1,1)=1$，对于 $i\geqslant 2$ 或 $j\geqslant 2$，有 $f(i,1)=1$，$f(1,j)=1$。

以样例为例，从(1,1)到(4,4)的方案数的具体计算过程如表 43.1 所示。

表 43.1

i \ j $f(i,j)$	1	2	3	4
1	1	1	1	1
2	1	2	3	4
3	1	3	6	10
4	1	4	10	20

$f(4,4)=20$ 就是最终答案，即棋子从(1,1)到(4,4)的方案数。该算法的时间复杂度为 $O(NM)$。

编写程序：

根据以上算法解析，可以编写程序如图 43.1 所示。

```
00 #include<bits/stdc++.h>
01 using namespace std;
02 const int P=1e9+7;
03 int dp[5005][5005],n,m;
04 int main(){
05     cin>>n>>m;
06     dp[1][1]=1;
07     for(int i=2;i<=n;i++) dp[i][1]=1;
08     for(int i=2;i<=m;i++) dp[1][i]=1;
09     for(int i=2;i<=n;i++)
10       for(int j=2;j<=m;j++)
11         dp[i][j]=(dp[i-1][j]+dp[i][j-1])%P;
12     cout<<dp[n][m]<<endl;
13     return 0;
14 }
```

图 43.1

运行结果：

```
4 4
20
```

【例 43.2】 路径计数问题 2。在一个 $N\times M$ 的棋盘上，有一颗棋子初始时位于左上角(1,1)的位置上，每次可以将这颗棋子向下或者向右移动一格，即若棋子位于(x,y)，每次可以移至$(x+1,y)$或$(x,y+1)$的位置上。

现存在 K 个"禁入点"，即移动过程中，不能将棋子移至该格点。保证起点和终点不是禁入点。将棋子从左上角(1,1)移至右下角(N,M)的位置上，问有多少种方案？答案可能很大，要求答案为对 10^9+7 取模的结果。

输入： 第一行为三个整数，分别表示 N、M、K。接下来 K 行，表示每个禁着点(x,y)。

输出： 输出一个整数，表示对 10^9+7 取模后的方案数。

样例输入：

```
4 4 2
1 3
3 1
```

样例输出：

```
12
```

算法解析：

根据题意，这是一道增加了禁入点的路径计数 DP 问题。方法和例 43.1 相似。

仍是，定义状态 $f(i,j)$：用来表示棋子从(1,1)移至(i,j)的方案数。

然后，得到的转移方程：

$$f(i,j)=f(i-1,j)+f(i,j-1)$$

本题还需要处理禁入点：可以使用二维 bool 数组记录每个点是否是禁入点。

在 DP 过程中，对于禁入点(x,y)，可以直接将 $f(x,y)$的值设置为 0。这样一来，它们就不会对 $f(x+1,y)$和 $f(x,y+1)$的方案数产生贡献。

以样例为例，存在两个禁入点(1,3)和(3,1)的情况下，从(1,1)到(4,4)的方案数的具体计算过程如表 43.2 所示。

表 43.2

i \ j $f(i,j)$	0	1	2	3	4
0	0	0	0	0	0
1	0	1	1	0	0
2	0	1	2	2	2
3	0	0	2	4	6
4	0	0	2	6	12

$f(4,4)=12$ 就是最终答案，即存在两个禁入点(1,3)和(3,1)的情况下，棋子从(1,1)到(4,4)的方案数。

编写程序：

根据以上算法解析，可以编写程序如图 43.2 所示。

```
00 #include<bits/stdc++.h>
01 using namespace std;
02 const int P=1e9+7;
03 int dp[5005][5005],n,m,k;
04 bool f[5005][5005];  //记录每个点是否是禁入点
05 int main(){
06     cin>>n>>m>>k;
07     while(k--){
08         int x,y;
09         cin>>x>>y;  //读入禁入点
10         f[x][y]=1;  //将禁入点标记为1
11     }
12     dp[1][1]=1;
13     for(int i=2;i<=n;i++) if(!f[i][1]) dp[i][1]=dp[i-1][1];
14     for(int i=2;i<=m;i++) if(!f[1][i]) dp[1][i]=dp[1][i-1];
15     for(int i=2;i<=n;i++)
16       for(int j=2;j<=m;j++)
17         if(!f[i][j]) dp[i][j]=(dp[i-1][j]+dp[i][j-1])%P;
18     cout<<dp[n][m]<<endl;
19     return 0;
20 }
```

图 43.2

运行结果：

```
4 4 2
1 3
3 1
12
```

程序说明：

程序的第13、14行给第1行和第1列初始化，不能直接赋值为1，因为当第1行或第1列中有禁入点，那么从该点向右或者向下的点都应该赋值为0，所以，可以利用二维dp数组第0行或第0列初始值都是0的特性，使得dp[i][1]或者dp[1][i]是从上方或左侧转移而来，这样一来，就实现了第1行或者第1列中禁入点之后的点都赋值为0，如表43.2所示。

第 44 课　整数划分问题

导学牌

掌握三种整数划分计数 DP 的基本思想及其算法实现。

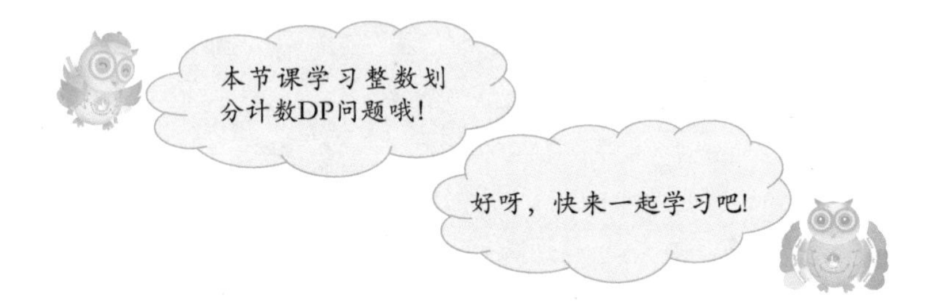

学习坊

【例 44.1】　整数划分 1。将 N 个苹果放在 M 个相同的盘子里，允许有的盘子不放苹果，求有多少种不同的分法。其中 0,1,2 和 2,1,0 被认为是同一种分法。要求答案对 10^9+7 取模。

输入：共一行，两个整数，表示 N 个苹果和 M 个盘子，$1\leqslant N, M\leqslant 5000$。

输出：输出一个整数，表示对 10^9+7 取模后的方案数。

样例输入：

```
7 3
```

样例输出：

```
8//({0,0,7} {0,1,6} {0,2,5} {0,3,4} {1,1,5} {1,2,4} {1,3,3} {2,2,3})
```

算法解析：

本题源自《小学生 C++编程入门》一书的第 100 课放苹果问题，在该书中，使用的是递归算法求解问题。而本书中，我们将使用动态规划算法求解此问题。

根据题意，可以将此问题看成是一道整数划分 DP 问题。

首先，定义状态 $f(i,j)$，用来表示将 i 个苹果放在 j 个盘子里的方案数。即将 i 个数划分成 j 个数的和的方案数。

然后，计算状态 $f(i,j)$，可以考虑 j 个盘子中的最小苹果数：

(1) 如果为 0，则方案数为 $f(i,j)=f(i,j-1)$。

(2) 如果不为 0，说明每个盘子里至少有 1 个苹果，现在从每个盘子中取走 1 个苹果，等

价于在 j 个盘子中放入剩余 $i-j$ 个苹果的方案数，即方案数为 $f(i,j)=f(i-j,j)$。

根据以上策略，可以得到转移方程如下：

$$f(i,j)=f(i,j-1)+f(i-j,j)$$

最后，$f(n,m)$就是所求方案数，即将 n 个苹果放在 m 个盘子里的方案数。

边界情况：$f(0,0)=1$，表示将 0 个苹果放在 0 个盘子里的方案数为 1。对于 $i\geqslant 1$，则有 $f(i,0)=0$。

编写程序：

根据以上算法解析，可以编写程序如图 44.1 所示。

```
00 #include<bits/stdc++.h>
01 using namespace std;
02 const int P=1e9+7;
03 int dp[5005][5005],n,m;
04 int main(){
05     cin>>n>>m;
06     dp[0][0]=1;
07     for(int i=0;i<=n;i++)
08       for(int j=1;j<=m;j++){
09         dp[i][j]=dp[i][j-1];
10         if(i>=j)
11           dp[i][j]=(dp[i][j]+dp[i-j][j])%P;
12       }
13     cout<<dp[n][m]<<endl;
14     return 0;
15 }
```

图 44.1

运行结果：

【例 44.2】 整数划分 2，一般称为整数拆分。给定一个正整数 n，将 n 拆分成若干个正整数的和，即 $n=n_1+n_2+\cdots+n_k$，有 $n_1\geqslant n_2\geqslant\cdots\geqslant n_k$。问共有多少种拆分方法？要求答案对 10^9+7 取模。

输入：共一行，一个正整数 n，$1\leqslant n\leqslant 2000$。

输出：输出一个整数，表示对 10^9+7 取模后的方案数。

样例输入：

```
4
```

样例输出：

```
5({4} {3,1} {2,2} {2,1,1})
```

算法解析：

这是一道经典的整数拆分动态规划问题。

根据题意，我们可以使用例 44.1 的算法思想，虽然输入只有一个正整数 n，但仍然可以定义一个二维的状态。

首先，定义状态 $f(n,k)$，用来表示将 n 个数拆分成 k 个正整数的方案数。

然后，计算状态 $f(n,k)$，可以考虑这 k 个正整数的最小值是否为 1，如下。

(1) 如果最小值 n_k 是 1，那么减去 1 后，问题可以转移到：将 $n-1$ 拆分成 $k-1$ 个正整数。方案数为 $f(n,k)=f(n-1,k-1)$。

(2) 如果最小值不是1，即 $n_k>1$，那么将每个正整数都减去1(共减去 k 个1)，问题可以转移到：将 $n-k$ 拆分成 k 个正整数，方案数为 $f(n,k)=f(n-k,k)$。

根据以上策略，可以得到转移方程如下：

$$f(n,k)=f(n-1,k-1)+f(n-k,k)$$

最后，处理边界情况：$f(0,0)=1$，表示将0个数拆成0个正整数的方案数为1。

编写程序：

根据以上算法解析，可以编写程序如图44.2所示。

```
00 #include<bits/stdc++.h>
01 using namespace std;
02 const int P=1e9+7;
03 int dp[2005][2005],n,ans;
04 int main(){
05     cin>>n;
06     dp[0][0]=1;
07     for(int i=1;i<=n;i++)
08       for(int j=1;j<=i;j++)
09       dp[i][j]=(dp[i-1][j-1]+dp[i-j][j])%P;
10     for(int j=1;j<=n;j++)
11       ans=(ans+dp[n][j])%P;
12     cout<<ans<<endl;
13     return 0;
14 }
```

图 44.2

运行结果：

程序说明：

程序的第8行表示将整数 i 拆分成 j 个正整数，最少拆分成1个正整数，最多拆分成 i 个正整数，所以终止条件为 $j\leqslant i$。程序的第10行表示将 n 个数拆分次1,2,3,…,n 个正整数的方案数和，也就是问题最终要求解的拆分方案数。

【例44.3】 整数划分3。将 N 分为若干个不同整数的和，有多少种不同的划分方式，例如：$n=6$,{6}{1,5}{2,4}{1,2,3}，共4种。要求答案对 10^9+7 取模。

输入：共一行，一个正整数 n，$1\leqslant n\leqslant 5000$。

输出：输出一个整数，表示对 10^9+7 取模后的方案数。

注：题目出自 https://www.51nod.com/Challenge/Problem.html#problemId=1201。

样例输入：

```
6
```

样例输出：

```
4
```

算法解析：

这也是一道整数划分的DP问题。与前两道题相比较，不同点如下。

(1) 例44.1是包含0，且包含相同正整数的划分。

(2) 例44.2是不包含0，且包含相同正整数的划分。

(3) 本题(例44.3)是不包含0，且不包含相同正整数的划分。

根据题意,我们可以综合使用例 44.1 和例 44.2 的算法思想进行分析。将 n 划分成 $n=n_1+n_2+\cdots+n_k$ 且 $n_1>n_2>\cdots>n_k$ 的形式。

首先,定义状态 $f(n,k)$,用来表示将 n 划分成 k 个不同正整数的方案数。

然后,计算状态 $f(n,k)$,(同例 44.2 一样)可以考虑这 k 个正整数的最小值 n_k 是否为 1,如下。

(1) 如果最小值 n_k 是 1,先减去 1,再将剩余的 $k-1$ 个正整数都减去 1,问题就可以转移到:将 $n-k$ 划分成 $k-1$ 个正整数。方案数为 $f(n,k)=f(n-k,k-1)$。

(2) 如果最小值 n_k 不是 1,即 $n_k>1$,(同例 44.2 一样)让每个正整数都减去 1(共减去 k 个 1),问题可以转移到:将 $n-k$ 拆分成 k 个正整数,方案数为 $f(n,k)=f(n-k,k)$。

根据以上策略,可以得到转移方程如下:

$$f(n,k)=f(n-k,k-1)+f(n-k,k)$$

最后,处理边界情况:$f(0,0)=1$,表示将 0 个数拆成 0 个正整数的方案数为 1。

另外,解析本题还需要注意 n 数据范围是 50000,如果开一个 50000×50000 的二维 dp 数组,无论是时间上还是空间上,显然都是行不通的。

那么应该怎样优化该算法的时间复杂度呢?

可以从已知条件入手,已知将 n 划分成 k 个不同正整数的和,这就意味着这 k 个正整数的和至少为 $1+2+3+\cdots+k=k*(k+1)/2$。因此,当 $n=50000$ 时,可以估算出 k 的枚举范围不会超过 350,那么 dp 数组的第二维设定为 355 就足够了。此时的时间复杂度函数从原来的 $O(n^2)$ 降为了 $O(n*\sqrt{n})$。

编写程序:

根据以上算法解析,可以编写程序如图 44.3 所示。

```
00 #include<bits/stdc++.h>
01 using namespace std;
02 const int P=1e9+7;
03 int dp[50005][355],n,ans;
04 int main(){
05     cin>>n;
06     dp[0][0]=1;
07     for(int i=0;i<=n;i++)
08       for(int j=1;j*(j+1)/2<=i;j++)
09         if(i>=j) dp[i][j]=(dp[i-j][j-1]+dp[i-j][j])%P;
10     for(int j=1;j*(j+1)/2<=n;j++)
11       ans=(ans+dp[n][j])%P;
12     cout<<ans<<endl;
13     return 0;
14 }
```

图 44.3

运行结果:

成果篮

本节课你有什么收获?

第45课　石子合并问题

导学牌

(1) 掌握石子合并线性区间 DP 的基本思想及其算法实现。

(2) 掌握石子合并环状区间 DP 的基本思想及其算法实现。

学习坊

【例 45.1】　石子合并 1。有 N 堆石子排成一排，现要将石子有次序地合并成一堆，规定每次只能选取相邻的两堆合并成新的一堆，并将新的一堆石子数记为该次合并的得分。请尝试设计出一个算法，计算出将 N 堆石子合并成一堆的最小得分和最大得分。

输入：输入为两行。第一行为一个整数，表示有 N 堆石子，$1 \leqslant N \leqslant 200$；第二行为 N 个整数，分别表示每堆石子的个数 a_i，$1 \leqslant a_i \leqslant 200$。

输出：输出两行，第一行表示最小得分；第二行表示最大得分。

样例输入：

```
4
4 5 9 4
```

样例输出：

```
44
54
```

算法解析：

根据题意，每次只能选取相邻的两堆进行合并，合并一次得分为原两堆石子数之和。分别求最小得分和最大得分。

以样例为例，求最小得分 cost，其中 $s[i]$记录前缀和。具体过程如图 45.1 所示。

从上述合并过程可以看出，每次是按区间进行合并的，当合并到区间为$[1,n]$，表示将 $1 \sim n$ 堆石子合并到只剩一堆石子时，合并过程结束。这是一道经典的区间 DP 问题。

首先，定义状态 $\begin{cases} f(l,r)\text{，用来表示区间}[l,r]\text{内的石子合并为一堆的最小得分。} \\ g(l,r)\text{，用来表示区间}[l,r]\text{内的石子合并为一堆的最大得分。} \end{cases}$

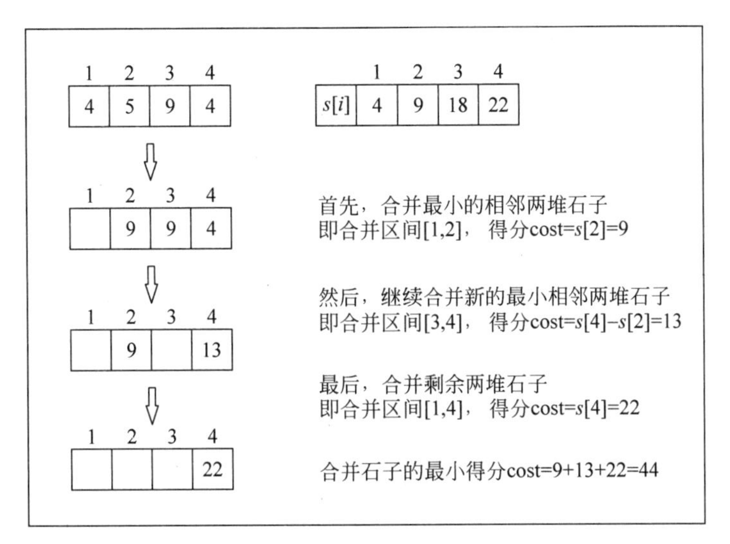

图 45.1

然后，(以计算最小得分为例)计算状态 $f(l,r)$，可以考虑 l 是否小于 r，方法如下。

(1) 如果 $l=r$，有 $f(l,r)=0$，表示只有自身的一堆，此时的区间长度 len=1，所以得分为 0。这也是该算法的边界情况。

(2) 如果 $l<r$，即区间长度 len>1，这个区间内的石子最终可能是由某两堆合并成一堆得到的。例如，区间[1,3]可能是由[1,1]和[2,3]合并得到的，也可能是[1,2]和[3,3]合并得到的。因此，可以枚举区间$[l,r]$的合并位置 mid，即区间$[l,r]$是由$[l,\text{mid}]$和$[\text{mid}+1,r]$合并得到的，其中 $l\leqslant \text{mid}<r$。

(3) 方案数 $f(l,r)=\min(f(l,\text{mid})+f(\text{mid}+1,r)+s[l,r])$，其中 $s[l,r]$表示区间$[l,r]$内石子的总个数，$l\leqslant \text{mid}<r$。

(4) 计算 $f(l,r)$时，可以按照区间长度顺序，先求出区间短的，再求出区间长的。

最后，$f(1,n)$就是最终答案。该算法的时间复杂度为 $O(n^3)$。

计算状态 $g(l,r)$的方法同 $f(l,r)$相似，此处略。

编写程序：

根据以上算法解析，可以编写程序如图 45.2 所示。

```
00 #include<bits/stdc++.h>
01 using namespace std;
02 const int inf=1e9;
03 int n,a[205],s[205];
04 int f[205][205],g[205][205];
05 int main(){
06     cin>>n;
07     for(int i=1;i<=n;i++){
08         cin>>a[i];
09         s[i]=s[i-1]+a[i];        //记录前缀和
10     }
11     for(int len=2;len<=n;len++){
12         for(int l=1;l+len-1<=n;l++){
13             int r=l+len-1;
14             f[l][r]=inf;         //初始化
15             g[l][r]=0;           //初始化
```

图 45.2

```
16                  int sum=s[r]-s[l-1];
17                  for(int mid=l;mid<r;mid++){
18                      f[l][r]=min(f[l][r],f[l][mid]+f[mid+1][r]+sum);
19                      g[l][r]=max(g[l][r],g[l][mid]+g[mid+1][r]+sum);
20                  }
21              }
22      }
23      cout<<f[1][n]<<endl;        //输出最小得分
24      cout<<g[1][n]<<endl;        //输出最大得分
25      return 0;
26  }
```

图 45.2(续)

运行结果：

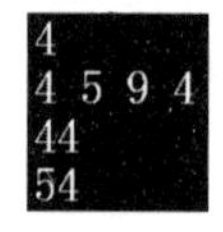

【例 45.2】 石子合并 2。在一个圆形操场的四周摆放 N 堆石子，现要将石子有次序地合并成一堆，规定每次只能选相邻的 2 堆合并成新的一堆，并将新的一堆的石子数，记为该次合并的得分。请尝试设计出一个算法，计算出将 N 堆石子合并成 1 堆的最小得分和最大得分。

输入：输入为两行。第一行为一个整数，表示有 N 堆石子，$1 \leqslant N \leqslant 200$；第二行为 N 个整数，分别表示每堆石子的个数 a_i，$1 \leqslant a_i \leqslant 200$。

输出：输出为两行。第一行表示最小得分；第二行表示最大得分。

注：题目出自 https://www.luogu.com.cn/problem/P1880。

样例输入：

```
4
4 5 9 4
```

样例输出：

```
43
54
```

算法解析：

根据题意，和例 45.1 的区别在于，本问题中的石子不是排成一排，而是围成一个环状。

我们可以将环展开，以样例为例，求最小得分和最大得分。按环展开后，$n=4$ 时，有 4 种展开形式，具体如图 45.3 所示。

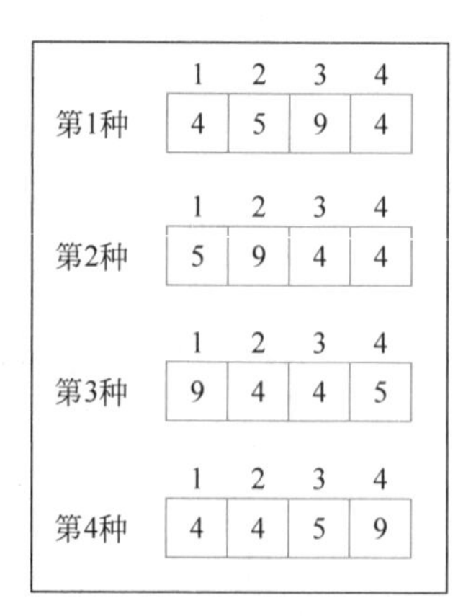

图 45.3

根据例 45.1 的算法设计，依次枚举这 4 种形式，可以很容易计算出，将环按第 3 种形式展开后，最小得分最小，为 43；按第 1、第 3、第 4 种方式展开后，最大得分最大，为 54。但这样一来，时间复杂度将升为 $O(n^4)$。

仔细观察上述 4 种形式，可以由以下组合序列（原序列 {4,5,9,4} + 原序列的前三项 {4,5,9}）得到，具体如图 45.4 所示，分别是[1,4]、[2,5]、[3,6]、[4,7]。

根据上述分析，环状区间 DP 问题的算法设计如下。

(1) 将环状转化成线性，即重新构造线性序列，将 $1 \sim n-1$ 堆石子放到第 n 堆石子的后面，构造出一个长度为 $2*n-1$ 的新序列 $\{a_1, a_2, \cdots, a_n, a_1, a_2, \cdots, a_{n-1}\}$。

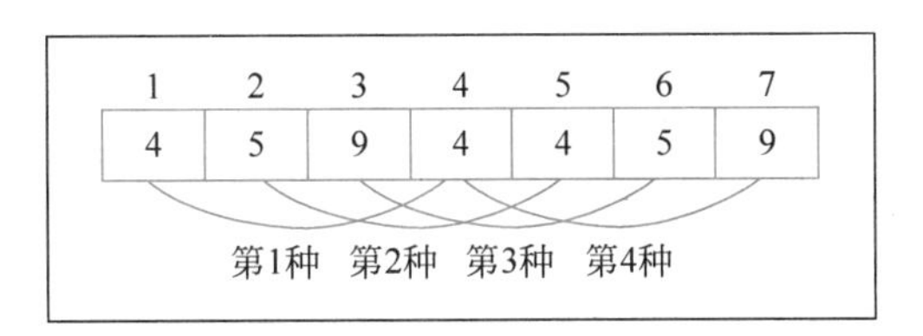

图 45.4

(2) 确定最终的答案肯定是由某个区间$[k,k+n-1]$得到的,其中$1 \leqslant k \leqslant n$。

(3) 对新序列a做一遍区间DP后,再枚举k,求出$f(k,k+n-1)$的最优解。

编写程序:

根据以上算法解析,可以编写程序如图45.5所示。

```
00 #include<bits/stdc++.h>
01 using namespace std;
02 const int inf=1e9;
03 int n,a[405],s[405],f[405][405],g[405][405];
04 int main(){
05     cin>>n;
06     for(int i=1;i<=n;i++) cin>>a[i];
07     for(int i=1;i<n;i++) a[i+n]=a[i];
08     for(int i=1;i<=2*n-1;i++) s[i]=s[i-1]+a[i];
09     for(int len=2;len<=n;len++){
10         for (int l=1;l+len-1<=2*n-1;l++){
11             int r=l+len-1;
12             f[l][r]=inf;
13             g[l][r]=0;
14             int sum=s[r]-s[l-1];
15             for (int mid=l;mid<r;mid++){
16                 f[l][r]=min(f[l][r],f[l][mid]+f[mid+1][r]+sum);
17                 g[l][r]=max(g[l][r],g[l][mid]+g[mid+1][r]+sum);
18             }
19         }
20     }
21     int mx=0,mn=inf;
22     for(int k=1;k<=n;k++){  //枚举k，求出最优解
23         mn=min(mn,f[k][k+n-1]);
24         mx=max(mx,g[k][k+n-1]);
25     }
26     cout<<mn<<endl;
27     cout<<mx<<endl;
28     return 0;
29 }
```

图 45.5

运行结果:

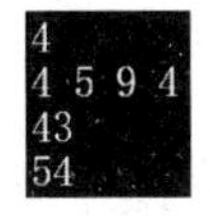

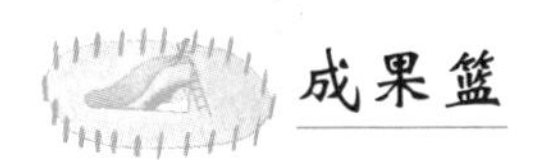

成果篮

本节课你有什么收获?

第 46 课　括号匹配问题

导学牌

掌握括号匹配区间 DP 的基本思想及其算法实现。

学习坊

【例 46.1】 括号匹配问题。给定一个字符串括号,求出其中的最大匹配数。

下面给出一个"合法"字符串括号的定义。

(1) 空串是合法的。

(2) 如果 s 是合法的,则[s]和(s)是合法的。

(3) 如果 s 和 t 是合法的,则 st 是合法的。

例如,字符串()、(())、[]([])是合法的,字符串(()、[(])是不合法的。

输入:多行。每行包含一组测试字符串且长度为 1～100,字符串中只包含"(""")""["和"]"。以 end 结束测试。

输出:每组测试数据对应一个整数,表示最大匹配数。

注:题目出自 http://poj.org/problem?id=2955。

样例输入:

```
((()))
()()()
([]])
)[)(
([][][)
end
```

样例输出:

```
6
4
0
6
```

算法解析：

根据题意，这是一道区间 DP 问题。

首先，定义状态 $f(l,r)$，用来表示区间$[l,r]$内的最大合法匹配数。

然后，计算状态 $f(l,r)$，如果 $l=r$，有 $f(l,r)=0$；否则有以下三种情况。

（1）如果 $s[l]$为“(”且 $s[r]$为“)”，则有 $f(l,r)=f(l+1,r-1)+2$。

（2）如果 $s[l]$为“[”且 $s[r]$为“]”，则有 $f(l,r)=f(l+1,r-1)+2$。

（3）如果合法子串是由拼接而成的（例如，“()()”是由两个子串“()”拼接而成的，最大匹配数应为 4），则有 $f(l,r)=\max(f(l,\text{mid})+f(\text{mid}+1,r)$，其中 $l\leqslant \text{mid}<r$。

最后，$f(1,n)$就是答案。

注意：对于以上三种情况，无论(1)和(2)是否成立，都需要执行(3)，否则如字符串“()()”是无法得到正确答案的。

编写程序：

根据以上算法解析，可以编写程序如图 46.1 所示。

```
00 #include<iostream>
01 #include<cstring>
02 using namespace std;
03 int n,dp[155][155];
04 char s[1005];
05 int main(){
06     while (1){
07         cin>>s+1;
08         n=strlen(s+1);
09         if (s[1]=='e') break;     //以end结束测试
10         memset(dp,0,sizeof(dp));  //每组数据测试后数组dp要清0
11         for (int len=2;len<=n;len++){
12             for (int l=1;l+len-1<=n;l++){
13                 int r=l+len-1;
14                 if (s[l]=='('&&s[r]==')') dp[l][r]=max(dp[l][r],dp[l+1][r-1]+2);
15                 if (s[l]=='['&&s[r]==']') dp[l][r]=max(dp[l][r],dp[l+1][r-1]+2);
16                 for (int mid=l;mid<r;mid++)
17                     dp[l][r]=max(dp[l][r],dp[l][mid]+dp[mid+1][r]);
18             }
19         }
20         cout << dp[1][n] << endl;
21     }
22 }
```

图 46.1

运行结果：

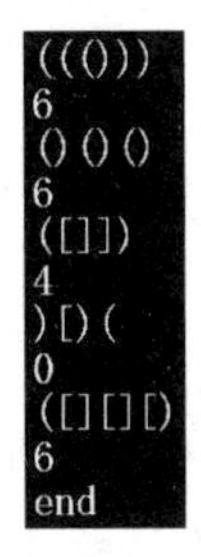

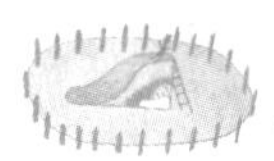

成果篮

本节课你有什么收获？

第 47 课 算法实践园

导学牌

(1) 掌握动态规划算法的基本思想。

(2) 学会使用 DP 算法解决实际问题。

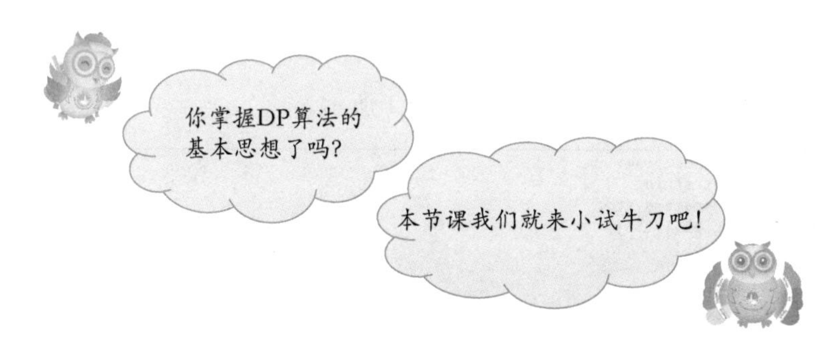

实践园一：书架 2

【题目描述】 农民约翰最近为奶牛图书馆买了一个书架,但这个书架很快就被填满了,现在唯一可用的地方在书架顶部。

约翰有 N 头奶牛($1 \leqslant N \leqslant 20$),每头牛的高度为 H_i($1 \leqslant H_i \leqslant 1000000$,假设有非常高的母牛)。书架高度为 B($1 \leqslant B \leqslant S$,其中 S 为所有奶牛的高度之和)。

为了到达书架的顶部,一头或多头牛可以站在另一头牛的上面,这样它们的总高度就是它们各自高度的总和。这个总高度必须不低于书架的高度,这样奶牛才能到达顶部。

你的工作是找到一组奶牛,使奶牛堆的高度尽可能小,且奶牛堆可以够到书架。你的程序需要打印出最佳奶牛堆和书架之间的最小“多余”高度。

输入:第一行为两个整数 N 和 B,用空格分隔。接下来的 $N+1$ 行,第 $i+1$ 行为单个整数 H_i。

输出:输出为一行,是一个整数,表示最优奶牛集的总高度与货架高度之间的差值(非负)。

注:题目出自 http://poj.org/problem?id=3628。

样例输入:

```
5 16
3
1
3
5
6
```

样例输出:

```
1
```

实践园一参考程序:

```
#include<iostream>
using namespace std;
int n,B,a[25];
bool dp[20000005];
int main(){
    cin >> n >> B; dp[0] = 1;
    for (int i = 1;i <= n;i++) cin >> a[i];
    int sum = 0;
    for (int i = 1;i <= n;i++){
        sum += a[i];
        for (int j = sum;j >= a[i];j -- ) dp[j] = dp[j]||dp[j - a[i]];
    }
    for (int i = B;i <= sum;i++) if (dp[i]){
        cout << i - B << endl;
        return 0;
    }
}
//原始的二维状态 dp(i,j),表示在前 i 个数中找到一个子集,使得 sum = j
```

实践园二:整除性

【题目描述】 考虑一个任意的整数序列。人们可以在序列中的整数之间放置"+"或"-"运算符,从而得到不同的算术表达式,得到不同的值。

例如,数列 17,5,-21,15。有 8 种可能的表达式,具体如下。

17+5+-21+15=16

17+5+-21-15=-14

17+5--21+15=58

17+5--21-15=28

17-5+-21+15=6

17-5+-21-15=-24

17-5--21+15=48

17-5--21-15=18

如果可以在序列中的整数之间放置+或-运算符,使得到的值能被 K 整除,则称该序列为可以被 K 整除的整数序列。在上面的例子中,该序列能被 7 整除(17+5+-21-15=-14),但不能被 5 整除。

请写一个程序确定整数序列的可除性。

输入:第一行包含两个整数 N 和 K($1 \leqslant N \leqslant 10000, 2 \leqslant K \leqslant 100$),用空格分隔。第二行包含用空格分隔的 N 个整数序列。每个整数的绝对值都不大于 10000。

输出:如果能被 K 整除,输出 Divisible;否则,输出 Not divisible。

注:题目出自 http://poj.org/problem?id=1745。

样例输入:

```
4 7
17 5 -21 15
```

样例输出:

```
Divisible
```

实践园二参考程序：

```
#include<iostream>
using namespace std;
int n,k,a[10005];
bool dp[10005][105];
int main(){
    cin >> n >> k;
    for (int i = 1;i <= n;i++){
        cin >> a[i];
        a[i] = (a[i] % k + k) % k;
    }
    dp[1][a[1] % k] = 1;
    for (int i = 2;i <= n;i++)
        for (int j = 0;j < k;j++)
            dp[i][j] = dp[i-1][(j-a[i] % k + k) % k]||dp[i-1][(j+a[i] % k) % k];
    if (dp[n][0])  cout <<"Divisible"<< endl;
    else cout <<"Not divisible"<< endl;
    return 0;
}
```

实践园三：小型火车头

【题目描述】 火车有一辆火车头，牵引着载有乘客的车厢。如果火车头坏了，就没有办法拉动车厢了。因此，铁路办公室决定在每个车站分配 3 辆小型火车头。一辆小型火车头只能拉几节客车车厢。如果一辆火车头发生故障，3 辆小型火车头无法拉动所有的乘客车厢。因此，铁路办公室做出了如下决定。

(1) 设定一辆小型火车头可以拉的最大载客车厢数，一辆小型火车头将不会拉超过这个数字。这三辆火车头的数字是一样的。

(2) 用三辆小型火车头运送最多的乘客到目的地。办公室已经知道每节车厢的乘客人数，乘客不得在车厢之间走动。

(3) 每辆小型火车头牵引着连续的客车车厢。在火车头后面，客运车厢的车号从 1 开始。

例如，假设有 7 节客车车厢，一辆小型火车头最多可以拉动 2 节客车车厢。旅客车厢的乘客人数，按照从 1 到 7 的顺序依次为 35、40、50、10、30、45 和 60。

如果 3 辆小型火车头分别牵引 1～2 节、3～4 节、6～7 节客车，可搭载 240 名乘客。在这个例子中，三辆小型火车头不能运送超过 240 名乘客。

已知客车车厢的数量、每个客车车厢的乘客数量，以及一辆小型火车头能拉的最大客车车厢数量，编写程序求出三辆小型火车头能运送的最大乘客数量。

输入： 多组测试数据，第一行包含一个整数 t（$1 \leqslant t \leqslant 11$），代表多次测试的数量，接下来为每组测试数据的输入情况。具体如下。

第一行代表客车车厢的数量，不超过 50000。第二行代表每节车厢的乘客人数，每节车厢均不超过 100 人。第三行代表小型火车头所能牵引的最大客车车厢数量，不超过客车车厢数量的 1/3。

输出：每组测试数据，包含三辆小型火车头可以运送的最大乘客数量。

注：题目出自 http://poj.org/problem?id=1976。

样例输入：

```
1
7
35 40 50 10 30 45 60
2
```

样例输出：

```
240
```

实践园三参考程序：

```
#include<iostream>
using namespace std;
int n,k,a[50005],sum[50005],dp[4][50005];
int main(){
    int T; cin >> T;
    while (T--){
        cin >> n;
        for (int i=1;i<=n;i++) cin >> a[i];
        cin >> k;
        for (int i=1;i<=n;i++) sum[i]=sum[i-1]+a[i];
        memset(dp,0,sizeof(dp));
        for (int i=1;i<=3;i++)
            for (int j=k;j<=n;j++)
                dp[i][j]=max(dp[i][j-1],dp[i-1][j-k]+(sum[j]-sum[j-k]));
        cout << dp[3][n] << endl;
    }
    return 0;
}
//dp[i][j]表示前j节车厢,选了(长度为k)i段车厢的最大总人数
```

实践园四：人类基因功能

【题目描述】 众所周知，一个人类基因可以被认为是一个序列，假设简单地用A、C、G和T四个字母表示这个序列。生物学家一直对识别人类基因和确定它们的功能感兴趣，因为这些可以用来诊断人类疾病和设计新的药物。

假设给定两个由A、C、G、T组成基因序列S和T，可以在S和T中间添加任意“－”，得到两个长度相同的基因序列。然后根据表47.1给定的得分计算出S和T的相似度，要求得分最大化。

表 47.1

	A	C	G	T	－
A	5	－1	－2	－1	－3
C	－1	5	－3	－2	－4
G	－2	－3	5	－2	－2
T	－1	－2	－2	5	－1
－	－3	－4	－2	－1	*

例如，给定两个字符串 S＝"AGTGATG"和 T＝"GTTAG"，分别在 S 中插入一个"－"，即 AGTGAT－G，在 T 中插入三个"－"，即-GT--TAG。此时便得到了两个长度相等的字符串。然后根据表 40.1 给定的得分，计算出 S 和 T 的相似度：(－3)＋5＋5＋(－2)＋5＋(－1)＋5＝14。

输入：输入 t 组测试数据。接下来的每组测试数据由两行组成，每行包含一个整数和一个字符串，分别表示字符串的长度和字符串，每个字符串的长度至少为 1 且不超过 100。

输出：输出每组测试数据的相似度，每行一个。

注：题目出自 http://poj.org/problem?id＝1080。

样例输入：

```
2
7 AGTGATG
5 GTTAG
7 AGCTATT
9 AGCTTTAAA
```

样例输出：

```
14
21
```

实践园四参考程序：

```
#include <bits/stdc++.h>
#include <iostream>
using namespace std;
int score['T'+1]['T'+1];
int dp[1000][1000];
char s1[200],s2[200];
void init(){
    score['A']['A'] = 5;
    score['C']['C'] = 5;
    score['G']['G'] = 5;
    score['T']['T'] = 5;
    score['-']['-'] = 0;  //未设定值
    score['A']['C'] = score['C']['A'] = -1;
    score['A']['G'] = score['G']['A'] = -2;
    score['A']['T'] = score['T']['A'] = -1;
    score['A']['-'] = score['-']['A'] = -3;
    score['C']['G'] = score['G']['C'] = -3;
    score['C']['T'] = score['T']['C'] = -2;
    score['C']['-'] = score['-']['C'] = -4;
    score['G']['T'] = score['T']['G'] = -2;
    score['G']['-'] = score['-']['G'] = -2;
    score['T']['-'] = score['-']['T'] = -1;
}
int mx(int a,int b,int c){  //求三个变量中的最大值
    int k = a>b?a:b;
    return c>k?c:k;
}
int main()
{
    init();
    int t;
```

```
    cin>>t;
    while(t--){
        int len1,len2;
        cin >> len1 >> s1 >> len2 >> s2;
        dp[0][0] = 0;
        for(int i = 1;i <= len1;i++){
            dp[i][0] = dp[i - 1][0] + score[s1[i - 1]]['-'];
        }
        for(int j = 1;j <= len2;j++){
            dp[0][j] = dp[0][j - 1] + score['-'][s2[j - 1]];
        }
        for(int i = 1;i <= len1;i++){
            for(int j = 1;j <= len2;j++){
                int temp1 = dp[i - 1][j] + score[s1[i - 1]]['-'];
                int temp2 = dp[i][j - 1] + score['-'][s2[j - 1]];
                int temp3 = dp[i - 1][j - 1] + score[s1[i - 1]][s2[j - 1]];
                dp[i][j] = mx(temp1,temp2,temp3);
            }
        }
        cout << dp[len1][len2]<< endl;
    }
    return 0;
}
```

实践园五：天平

【题目描述】 吉格尔有一种奇怪的“天平”，他想让天平保持平衡。于是，他订购了两个质量可以忽略不计的“手臂”，每个手臂的长度是15厘米。并将一些挂钩挂到这两个手臂上，同时将G个权重的为w_i的砝码挂在位置为x_i的挂钩上，问有多少种解决方案能保持天平平衡，即当且仅当$\sum_{i=1}^{G} x_i * w_i = 0$。保证在评估时每组测试数据至少存在一个解决方案。

输入：第一行包含两个整数，分别是$C(2 \leqslant C \leqslant 20)$和$G(2 \leqslant G \leqslant 20)$；下一行包含$C$个不同的整数(按升序排序)，表示挂钩在天平上的位置，符号决定了挂钩连接的天平臂：“$-$”代表左臂，“$+$”代表右臂，范围为$[-15,15]$；下一行有G个整数，表示权重，范围为$[1,25]$。

输出：输出一个整数，表示保持天平平衡的可能方案数。

注：题目出自 http://poj.org/problem?id=1837。

样例输入：

```
2 4
-2 3
3 4 5 8
```

样例输出：

```
2
{方案一: "-2"放 1,2,3 号砝码,"3"放 4 号砝码,即 -2 * (3 + 4 + 5) = 3 * 8;
方案二: -2"放 2,4 号砝码,"3"放 1,3 号砝码,即 -2 * (4 + 8) = 3 * (3 + 5)}
```

实践园五参考程序：

```
#include<iostream>
using namespace std;
const int P=1000000000;
const int B=7500; //sum(xi*wi)的范围为[-7500,7500],所以第二维进行B=7500的偏移
int dp[21][B*2+1],n,m,p[50],w[50];
int main(){
    cin>>m>>n;
    for (int i=1;i<=m;i++) cin>>p[i];
    for (int i=1;i<=n;i++) cin>>w[i];
    dp[0][B]=1;
    for (int i=1;i<=n;i++)
        for (int j=0;j<=B*2;j++)
            if (dp[i-1][j]){      //如果前i-1个物品的sum(xi*wi)等于j-B的方案存在
                for (int k=1;k<=m;k++)
                    dp[i][j+p[k]*w[i]]+=dp[i-1][j];
            }
    cout<<dp[n][B]<<endl;
}
//dp[i][j]表示前i个物品,sum(xi*wi)等于j-B的方案数
```

实践园六：总和集

【题目描述】 农夫约翰命令他的奶牛寻找不同的数字集合，这些数字和等于一个给定的数字。奶牛只使用2的幂次方的数字。

例如，将7拆成2的幂次方的和，可能的方案数有6种，具体如下。

(1) 1+1+1+1+1+1+1

(2) 1+1+1+1+1+2

(3) 1+1+1+2+2

(4) 1+1+1+4

(5) 1+2+2+2

(6) 1+2+4

帮助农夫约翰计算给定整数$N(1\leqslant N\leqslant 1000000)$，有多少种可能的方案数，将$N$拆成2的幂次方的和。

输入：输入为一行，是一个整数N。

输出：输出一行，要求输出答案的最后9位(即答案对1000000000取模)。

注：题目出自 http://poj.org/problem?id=2229。

样例输入：

```
7
```

样例输出：

```
6
```

实践园六参考程序：

```
#include<iostream>
using namespace std;
const int P=1000000000;
```

```
int dp[1000005],n,w[505],W;
int main(){
    cin >> W;
    n = 20; for (int i = 1;i <= n;i++)
        w[i] = 1 <<(i - 1);          //相当于 20 种物品的完全背包,质量分别为 1,2,4,8,...
    dp[0] = 1;
    for (int i = 1;i <= n;i++)
        for (int j = w[i];j <= W;j++)
            dp[j] = (dp[j] + dp[j - w[i]]) % P;
    cout << dp[W] << endl;
}
//1 <<(i - 1)表示 1 左移 i - 1 位,其值等于 2 的 i - 1 次方
```

实践园七：能量项链

【题目描述】 在 Mars 星球上，每个 Mars 人都随身佩戴着一串能量项链。在项链上有 N 颗能量珠。能量珠是一颗有头标记与尾标记的珠子，这些标记对应着某个正整数，并且对于相邻的两颗珠子，前一颗珠子的尾标记一定等于后一颗珠子的头标记。因为只有这样，通过吸盘（吸盘是 Mars 人吸收能量的一种器官）的作用，这两颗珠子才能聚合成一颗珠子，同时释放出可以被吸盘吸收的能量。如果前一颗能量珠的头标记为 m，尾标记为 r，后一颗能量珠的头标记为 r，尾标记为 n，则聚合后释放的能量为 $m\times r\times n$（Mars 单位），新产生的珠子的头标记为 m，尾标记为 n。

需要时，Mars 人就用吸盘夹住相邻的两颗珠子，通过聚合得到能量，直到项链上只剩下一颗珠子为止。显然，不同的聚合顺序得到的总能量是不同的，请你设计一个聚合顺序，使一串项链释放出的总能量最大。

例如，设 $N=4$，4 颗珠子的头标记与尾标记依次为(2,3)(3,5)(5,10)(10,2)。我们用记号$\oplus$表示两颗珠子的聚合操作，$(j\oplus k)$表示第 j，k 两颗珠子聚合后所释放的能量，则第 4、1 两颗珠子聚合后释放的能量为

$$(4\oplus 1)=10\times 2\times 3=60$$

这一串项链可以得到最优值的一个聚合顺序所释放的总能量为

$$((4\oplus 1)\oplus 2)\oplus 3)=10\times 2\times 3+10\times 3\times 5+10\times 5\times 10=710$$

输入： 第一行是一个正整数 $N(4\leqslant N\leqslant 100)$，表示项链上珠子的个数。第二行是 N 个用空格隔开的正整数，所有的数均不超过 1000。第 i 个数为第 i 颗珠子的头标记$(1\leqslant i\leqslant N)$，当 $i<N$ 时，第 i 颗珠子的尾标记应该等于第 $i+1$ 颗珠子的头标记。第 N 颗珠子的尾标记应该等于第 1 颗珠子的头标记。

至于珠子的顺序，你可以这样确定：将项链放到桌面上，不要出现交叉，随意指定第一颗珠子，然后按顺时针方向确定其他珠子的顺序。

输出： 一个正整数 $E(E\leqslant 2.1\times 10^9)$为一个最优聚合顺序所释放的总能量。

注： 题目出自 https://www.luogu.com.cn/problem/P1063。

样例输入：

```
4
2 3 5 10
```

样例输出：

```
710
```

实践园七参考程序：

```
#include<bits/stdc++.h>
using namespace std;
const int N = 201;
int max(int a, int b) {
    return a > b ? a : b;
}
int n, a[N], b[N], dp[N][N];
int main() {
    cin >> n;
    for (int i = 1; i <= n; i++) {
        cin >> a[i];
        a[n + i] = a[i];
    }
    for (int i = 1; i <= 2 * n; i++) b[i] = a[i % n + 1];
    memset(dp, 0, sizeof(dp));
    for (int l = 1; l <= n; l++) {
        for (int i = 1; i + l - 1 <= 2 * n; i++) {
            int j = i + l - 1;
            for (int k = i; k < j; k++) {
                dp[i][j] = max(dp[i][j], dp[i][k] + dp[k + 1][j] + a[i] * b[k] * b[j]);
            }
        }
    }
    int ans = 0;
    for (int i = 1; i <= n; i++) {
        ans = max(ans, dp[i][i + n - 1]);
    }
    cout << ans << endl;
    return 0;
}
```

Chapter 8

第8章

图与搜索

图论(graph theory)是数学的一个分支,图是图论的主要研究对象。图(graph)是数据结构和算法学中最强大的框架之一(或许没有之一)。图是由若干给定的顶点及连接两顶点的边所构成的图形,这种图形通常用来描述某些事物之间的某种特定关系。顶点代表事物,连接两顶点的边则表示两个事物间具有这种关系。例如,人际关系、交通网络、通信网络等都可以用"图"刻画。图论算法在现实意义中有着诸多应用。

在信息学奥赛中,要进入图论的世界,清晰、准确地掌握基本概念是必需的前提和基础。我们需要先了解图的相关概念,学会用数据结构(如数组、链表)存储图的信息,进一步地学会遍历图,从而解决一系列的问题。

本章将介绍栈和队列、图与图的存储、宽度优先搜索、深度优先搜索和算法实践园。

第 48 课　栈和队列

导学牌

(1) 理解并掌握栈的含义及其常见的基本操作。
(2) 理解并掌握队列的含义及其常见的基本操作。
(3) 掌握 C++标准模板库 STL 中栈 stack 和队列 queue 的使用方法。

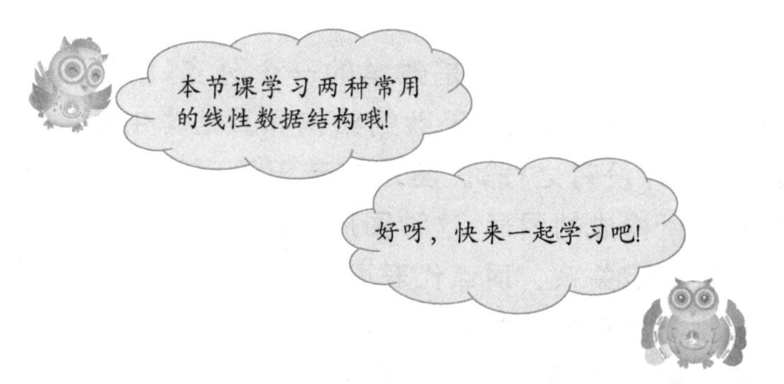

学习坊

1. 栈

栈是一种“先进后出”的数据结构。所谓先进后出(first in last out,FILO),是指先进入栈内的数据会后出来。我们可以将栈看成一个桶,每次将一个元素送入栈,即将该元素放入桶当前的底部,那么后进入栈的元素在先进入元素的上方。如按{1,2,3}的顺序依次进栈,然后再依次出栈,直到栈为空。即出栈顺序为{3,2,1},如图 48.1 所示。

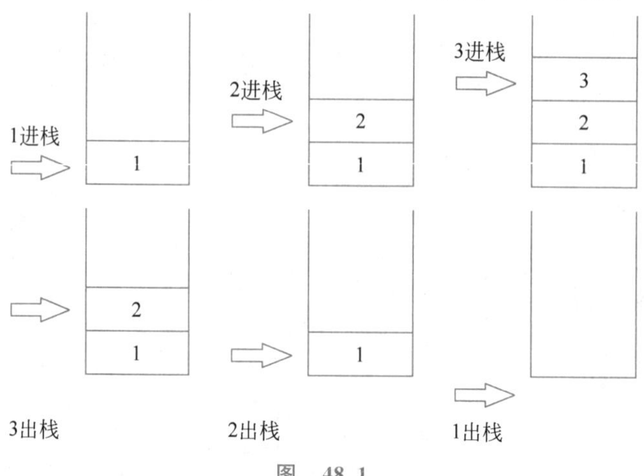

图　48.1

2. 栈的常见基本操作

假设使用数组 st[]实现栈，指针变量 top 始终指向当前栈顶位置，初始化 top=0，表示当前为空栈。

(1) 在栈顶插入元素

```
void ins(int x){                    //在栈顶插入元素 x
  st[++top] = x;
}
```

(2) 查询栈顶的元素

```
int qry(){                          //查询栈顶元素
  return st[top];                   //返回栈顶元素
}
```

(3) 删除栈顶的元素

```
void del(){                         //删除栈顶元素
  top--;
}
```

【例 48.1】 阅读图 48.2 所示程序，写出运行结果，并上机验证。

```
00 #include<bits/stdc++.h>
01 using namespace std;
02 int st[105],top=0;
03 void ins(int x){            //插入元素x
04     st[++top]=x;
05 }
06 int qry(){                  //查询栈顶元素
07     if(top==0) return -1;  //返回-1表示栈为空
08     return st[top];         //返回栈顶元素
09 }
10 void del(){                 //删除栈顶元素
11     if(top==0) return;      //如果栈为空直接返回
12     top--;
13 }
14 int main(){
15     ins(1); ins(2); ins(3);
16     cout<<qry()<<endl;
17     del(); ins(4);
18     cout<<qry()<<endl;
19     ins(5); del();
20     cout<<qry()<<endl;
21     del(); del(); del();
22     cout<<qry()<<endl;
23     return 0;
24 }
```

图 48.2

运行结果：

```
3
4
4
-1
```

3. 队列

队列与栈对应，它一种是“先进先出”的数据结构。所谓先进先出(first in first out，FIFO)，是指先进入队列的数据会先出来。如果将栈看成只有一个“端口”(栈顶)的数据结构，队列则有两个“端口”，分别是队头和队尾。我们可以将队列看成在食堂排队打饭的过程，每次会在队尾新增一个同学，而下一个打饭的同学则处于当前队头的位置。如按{1，2，3}的顺序依次进入队列，然后再依次出队列，直到队列为空，即出队列的顺序为{1，2，3}，如图 48.3 所示。

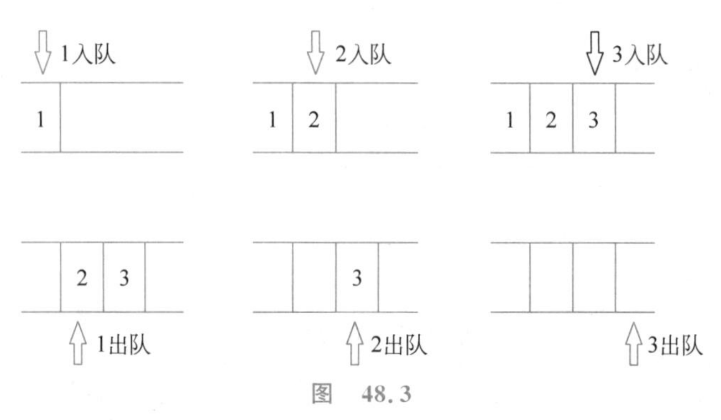

图 48.3

4. 队列的常见基本操作

假设使用数组 que[]实现队列，指针变量 s、t 分别指向队头、队尾。初始化 $s=1$，$t=0$ 表示当前队列为空。

(1) 在队尾插入元素

```
void ins(int x){                    //在队尾插入元素 x
    que[++t] = x;
}
```

(2) 查询队头的元素

```
int qry(){                          //查询队头元素
    return que[s];
}
```

(3) 删除队头的元素

```
void del(){                         //删除队头元素
    s++;
}
```

【例 48.2】 阅读图 48.4 所示程序，写出运行结果，并上机验证。

```
00 #include<bits/stdc++.h>
01 using namespace std;
02 int que[105],s=1,t=0;
03 void ins(int x){          //插入元素x
04     que[++t]=x;
05 }
```

图 48.4

```
06 int qry(){              //查询队头元素
07     if(s>t) return -1;  //返回-1表示队列为空
08     return que[s];
09 }
10 void del(){             //删除队头元素
11     s++;
12 }
13 int main(){
14     ins(1); ins(2); ins(3);
15     cout<<qry()<<endl;
16     del(); ins(4);
17     cout<<qry()<<endl;
18     del(); del();
19     cout<<qry()<<endl;
20     return 0;
21 }
```

图 48.4(续)

运行结果：

对于本节课介绍的栈和队列等相关操作，其实可以分别使用C++提供的STL中的stack和queue容器来实现，同(第13课中介绍的)STL中的vector一样共享size()、begin()等基本函数，合理地使用STL可以优化程序、提高效率。

5. STL中的栈stack

1) stack的定义

定义stack的一般格式如下：

```
stack <类型> 名称;
```

说明：使用stack需添加头文件#include <stack>，或者使用万能头文件#include <bits/stdc++.h>。

例如：

```
stack < int > s;        //表示定义一个名称为s的整型stack
```

2) stack的常用函数

(1) push()

push()表示将一个元素压入栈顶，时间复杂度为$O(1)$。

(2) top()

top()表示返回一个栈顶元素，时间复杂度为$O(1)$。如果栈为空，返回值未定义。

(3) pop()

pop()表示弹出栈顶元素，时间复杂度为$O(1)$。

(4) empty()

empty()检查stack内是否为空。如果为空，返回true；否则，返回false。时间复杂度为$O(1)$。

【例 48.3】 最近最小值。给定一个长度为 n 的整数数组 a_i，请找出最小值之间的最短距离。保证最小值在数组中至少出现两次。

输入：输入为两行。第一行包含一个正整数 $n(2\leqslant n\leqslant 10^5)$；第二行 n 个整数 $a_i(1\leqslant n\leqslant 10^9)$。

输出：一个整数，表示数组中两个最近的最小值之间的距离。

注：题目出自 https://www.luogu.com.cn/problem/CF911A。

样例输入 1：

```
2
3 3
```

样例输出 1：

```
1
```

样例输入 2：

```
9
2 1 3 5 4 1 2 3 1
```

样例输出 2：

```
3
```

算法解析：

根据题意，可以使用 STL 中 stack 解决该问题。

编写程序：

根据以上算法解析，可以编写程序如图 48.5 所示。

```
00 #include<bits/stdc++.h>
01 using namespace std;
02 int n,x;
03 stack<int> p;
04 int main(){
05     cin>>n; x=1e9+1;
06     for (int i=1;i<=n;i++){
07         int val; cin>>val;
08         if (val==x) p.push(i);
09         else if (val<x){
10             x=val;
11             while (!p.empty()) p.pop();
12             p.push(i);
13         }
14     }
15     int ans=n+1;
16     while (p.size()>1){
17         int u=p.top(); p.pop();
18         ans=min(ans,u-p.top());
19     }
20     cout << ans << endl;
21     return 0;
22 }
```

图 48.5

运行结果：

```
9
2 1 3 5 4 1 2 3 1
3
```

6. STL 中的队列 queue

1）queue 的定义

定义 queue 的一般格式如下：

```
queue <类型> 名称;
```

说明：使用 queue 须添加头文件 #include < queue >，或者使用万能头文件 #include < bits/stdc++.h >。

例如：

```
queue < int > q;            //表示定义一个名称为 q 的整型 queue
```

2) queue 的常用函数

(1) front()

front()表示返回第一个元素，即队首元素，时间复杂度为 $O(1)$。如果队列为空，返回值未定义。

(2) back()

back()表示返回最后一个元素，即队尾元素，时间复杂度为 $O(1)$。如果队列为空，返回值未定义。

(3) push()

push()表示将一个元素压入队尾，时间复杂度为 $O(1)$。

(4) pop()

pop()表示删除队首元素，时间复杂度为 $O(1)$。

(5) empty()

empty()检查 q 的 queue 内是否为空。如果为空，返回 true；否则，返回 false。时间复杂度为 $O(1)$。

【例 48.4】 机器翻译。小晨的计算机上安装了一个翻译软件，他经常用这个软件翻译英语文章。这个翻译软件的原理很简单，它只是从头到尾，依次将每个英文单词用对应的中文含义来替换。对于每个英文单词，软件会先在内存中查找这个单词的中文含义，如果内存中有，软件就会用它进行翻译；如果内存中没有，软件就会在外存中的词典内查找，查出单词的中文含义然后翻译，并将这个单词和译义放入内存，以备后续的查找和翻译。

假设内存中有 M 个单元，每单元能存放一个单词和译义。每当软件将一个新单词存入内存前，如果当前内存中已存入的单词数不超过 $M-1$，软件会将新单词存入一个未使用的内存单元；若内存中已存入 M 个单词，软件会清空最早进入内存的那个单词，腾出单元来，存放新单词。

假设一篇英语文章的长度为 N 个单词。给定这篇待译文章，翻译软件需要去外存查找多少次词典？假设在翻译开始前，内存中没有任何单词。

输入：共两行。每行中两个数之间用一个空格隔开。第一行为两个正整数 M、N，分别代表内存容量和文章的长度。第二行为 N 个非负整数，按照文章的顺序，每个数(大小不超过 10001000)代表一个英文单词。文章中两个单词是同一个单词，当且仅当它们对应的非负整数相同。

输出：一个整数，为软件需要查词典的次数。

注：题目出自 https://www.luogu.com.cn/problem/P1540。

说明：

(1) 样例解释

整个查字典过程如下：每行表示一个单词的翻译，冒号前为本次翻译后的内存状况。

1：查找单词 1 并调入内存。
1 2：查找单词 2 并调入内存。
1 2：在内存中找到单词 2。
1 2 5：查找单词 5 并调入内存。
2 5 4：查找单词 4 并调入内存替代单词 1。
2 5 4：在内存中找到单词 4。
5 4 1：查找单词 1 并调入内存替代单词 2。
共计查了 5 次词典。

（2）数据范围

对于 10％的数据有 $M=1, N \leqslant 5$；对于 100％的数据有 $1 \leqslant M \leqslant 100, 1 \leqslant N \leqslant 1000$。

样例输入：

```
3 7
1 2 1 5 4 4 1
```

样例输出：

```
5
```

算法解析：

根据题意，可以使用 STL 中 queue 解决该问题。

编写程序：

根据以上算法解析，可以编写程序如图 48.6 所示。

```
00 #include<bits/stdc++.h>
01 using namespace std;
02 int n,m;
03 queue<int> q;
04 int main(){
05     cin>>n>>m;
06     int ans=0;
07     for (int i=0;i<m;i++){
08         int x;
09         cin>>x;
10         bool flag=0;
11         for (int j=0;j<q.size();j++){
12             if (x==q.front()) flag=1;
13             q.push(q.front()); q.pop();
14         }
15         if (flag) continue;
16         ans++;
17         q.push(x);
18         if (q.size()>n) q.pop();
19     }
20     cout << ans << endl;
21 }
```

图 48.6

运行结果：

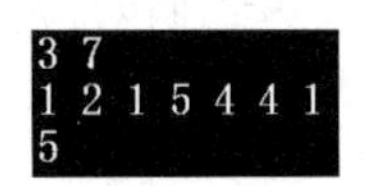

成果篮

本节课你有什么收获？

第 49 课　图与图的存储

导学牌

(1) 理解图的概念及基本定义。

(2) 掌握图的三种存储方式。

学习坊

1. 图的概念及基本定义

1) 图的概念

图(graph),简单地说,就是由一些点(称为顶点或者节点)以及连接这些点的线(称为边)所构成的图形。

2) 图的基本定义

图可以写成一个二元组的形式 $G=(V,E)$。其中,V 表示点集,E 表示边集,G 表示图,连接两点 u 和 v 的边可以用 $e=(u,v)$ 表示。图又分为无向图和有向图两种。

(1) 无向图。边没有方向的图称为无向图。对于无向图,边集 E 中每个元素 $e=(u,v)$ 表示一条无向边,其中 $u,v\in V$($\in$ 表示属于符号),u 和 v 也称为边 e 的端点,如图 49.1(a) 所示,图中(1,2)和(2,1)表示同一条边,同样的,(2,3)和(3,2)也表示同一条边。

(2) 有向图。边具有方向的图称为有向图。对于无向图,边集 E 中每个元素 $e=u\rightarrow v$ 表示一条有向边,其中 $u,v\in V$,u 是边 e 的起点,v 是边 e 的终点,如图 49.1(b)所示。

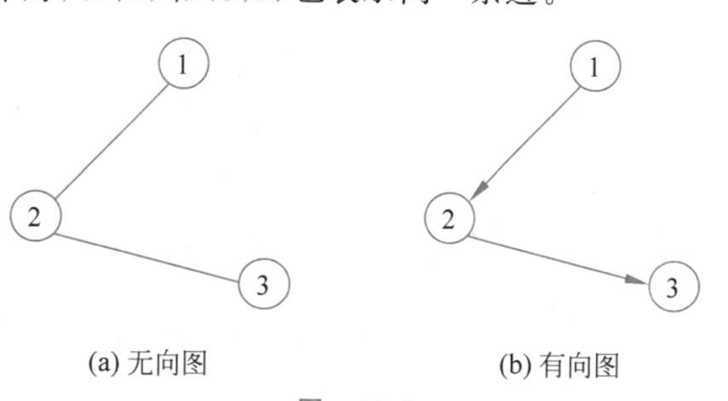

图　49.1

(3) 相邻。在无向图 $G=(V,E)$ 中,我们称两个点 u 和 v 是相邻的,当且仅当

存在一条边 $e \in E$ 且 $e=(u,v)$。对于一个顶点 v，我们用 $N(v)$ 表示所有在图中与 v 相邻的点。如图 49.1(a)中对于点 2，可以表示为 $N(2)=\{1,3\}$。

(4) 度数。表示与一点相关联的点的个数。

① 在无向图 $G=(V,E)$ 中，对于一个顶点 $v \in V$，它的度数为与它相邻的点的个数。我们用 $d(v)$ 表示 v 的度数，则有 $d(v)=|N(v)|$。如图 49.1(a)中，有 $d(1)=1, d(2)=2, d(3)=1$。

② 在有向图 $G=(V,E)$ 中，对于一个顶点 $v \in V$。

a. 以 v 为起点所有边的个数，称为出度，用 $d^+(v)$ 表示。

b. 以 v 为终点所有边的个数，称为入度，用 $d^-(v)$ 表示。如图 49.1(b)中，有 $d^+(1)=1$，$d^+(2)=1, d^+(3)=0, d^-(1)=0, d^-(2)=1, d^-(3)=1$。

c. 对于任何有向图 $G=(V,E)$，有出度之和等于入度之和，即 $\sum_{v \in V} d^+(v) = \sum_{v \in V} d^-(v)$。如图 49.1(b) 中，出度$\{1,1,0\}$之和＝入度$\{0,1,1\}$之和＝2，同时也等于这个有向图中所有边的个数。

(5) 重边与自环。

① 在图中，若存在一条边 $e=(u,v)$ 满足 $u=v$，则将 e 称为自环，即自己连向自己，如图 49.2 中，点 1 为自环。

② 在图中，若存在两条边 e_1, e_2，满足 $e_1=e_2$，则称(e_1,e_2)是一组重边。

a. 在无向图中，若 $e_1=(u,v), e_2=(v,u)$，其中 $u \neq v$，则 $e_1=e_2$，即(e_1,e_2)是一组重边。如图 49.2 中，(1,2)和(2,1)是一组重边。

b. 在有向图中，若 $e_1=u \to v, e_2=v \to u$，其中 $u \neq v$，则 $e_1 \neq e_2$，即(e_1,e_2)不是一组重边。如图 49.2 中，(2,3)和(3,2)不是一组重边。

③ 如果一张图中既没有自环，也没有重边，则称为简单图。

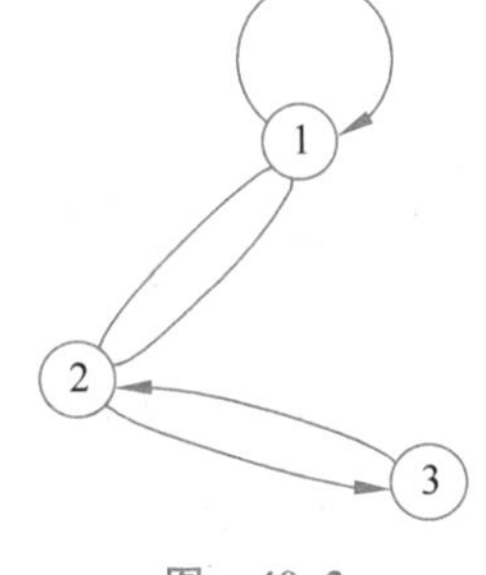

图 49.2

2. 图的存储

为了能够对图进行处理，需要用程序将图 $G=(V,E)$ 存储下来，且能够实现有效地查询。在图的存储方法中，常用的存储方式有直接存储、邻接矩阵和邻接表三种。

以无向图为例。首先输入图的点数和边数，分别用 n 表示点数，m 表示边数。然后再输入 m 条边，即输入 m 条边的两个端点(如果是有向图，则先输入起点，再输入终点)。

1) 直接存储

直接存储是指直接用数组将读入的信息存储下来。它是最直接的存储图的方式。如下所示。

```
#include<bits/stdc++.h>
using namespace std;
int n,m,x[105],y[105];
int main(){
    cin>>n>>m;
    for(int i=1;i<=m;i++)
        cin>>x[i]>>y[i];  //用数组直接记录边的两个端点
}
```

直接存储的弊端：在查询图的信息时，效率比较低下。而我们存储图的目的是能够高效地查询图的信息，同时使用尽可能少的空间。

一般情况下，我们需要查询图的三种信息，分别是查询一条边(u,v)是否存在；遍历一个点的所有邻居；遍历每个点的所有邻居。

采取直接存储的方式查询图的三种信息的效率如下。

（1）查询一条边(u,v)是否存在的时间复杂度为$O(m)$。

（2）遍历一个点u的所有邻居的时间复杂度为$O(m)$。

（3）遍历每一个点的所有邻居的时间复杂度为$O(nm)$。

直接存储的空间复杂度为$O(m)$。

2）邻接矩阵

邻接矩阵是指用一个$n \times n$的二维数组a存储图的信息。若(u,v)之间有一条边，则$a[u][v]=a[v][u]=1$，否则$a[u][v]=a[v][u]=0$。邻接矩阵的优势在于：当需要查询一条边是否存在时，直接访问二维数组a中的值即可，如下所示。

```
#include<bits/stdc++.h>
using namespace std;
int n,m,a[105][105];
int main(){
    cin>>n>>m;
    for(int i=1;i<=m;i++){
        int u,v;
        cin>>u>>v;
        a[u][v]=a[v][u]=1;   //无向图,读入一条边(u,v),要将a[u][v]和a[v][u]都置1
    }
}
```

采取邻接矩阵的方式查询图的三种信息的效率如下。

（1）查询一条边(u,v)是否存在的时间复杂度为$O(1)$。

（2）遍历一个点u的所有邻居的时间复杂度为$O(n)$。

（3）遍历每一个点的所有邻居的时间复杂度为$O(n^2)$。

邻接矩阵的空间复杂度为$O(n^2)$。

3）邻接表

邻接表是最常用的图的存储方式。它是对图中每个顶点建立一个容器，用于存放所有与该顶点相邻的点，即存放该顶点的所有邻居。在C++中，vector提供了可以动态调整自身大小的数组。我们可以使用vector<int>$G[n+1]$来存储边，其中对于任意一个顶点u，$G[u]$是一个vector，它记录了所有与u相邻的点，如下所示。

```
#include<bits/stdc++.h>
using namespace std;
int n,m;
vector<int> G[105];
int main(){
    cin>>n>>m;
    for(int i=1;i<=m;i++){
```

```
        int u,v;
        cin>> u>> v;
        G[u].push_back(v);
        G[v].push_back(u);  //无向边的两个方向都需要记录
    }
}
```

采取邻接表的方式查询图的三种信息的效率如下。

(1) 查询一条边(u,v)是否存在的时间复杂度为$O(n)$，如果$G[u]$预先排好序，可以使用二分查找算法，则时间复杂度可以优化到$O(\log d(u))$。

(2) 遍历一个点u的所有邻居的时间复杂度为$O(d(u))$。

(3) 遍历每一个点的所有邻居的时间复杂度为$O(m)$。$\left(\sum_{v\in V} d(v)=2*m\right)$

邻接表的空间复杂度为$O(m)$。

【例 49.1】 读入一张无向图，然后对每个点，输出所有它的邻居(按照从小到大的顺序)。请分别使用直接存储、邻接矩阵、邻接表三种存储方式完成程序。

输入：第一行为两个整数n和$m(1\leqslant n,m\leqslant 100)$，分别表示图的点数和边数。接下来的$m$行表示$m$条边的两个端点。

输出：输出所有点的邻居，要求邻居按从小到大的顺序输出。

样例输入：

```
5 6
1 2
2 3
3 1
1 4
4 5
2 5
```

样例输出：

```
1: 2 3 4
2: 1 3 5
3: 1 2
4: 1 5
5: 2 4
```

参考程序：

以样例为例，如图 49.3 所示。

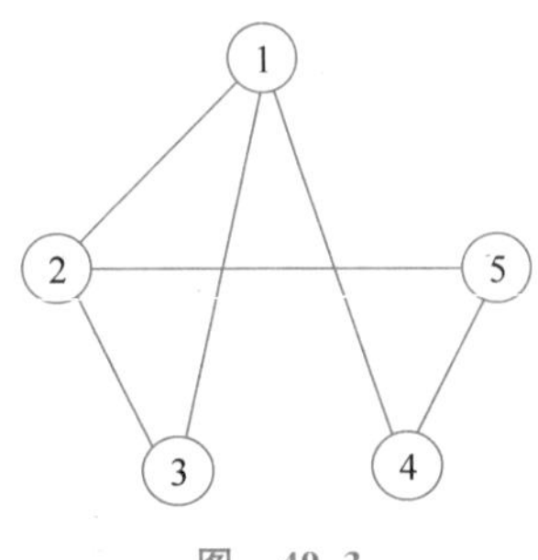

图 49.3

使用直接存储程序如图 49.4 所示。

使用邻接矩阵存储方式程序如图 49.5 所示。

使用邻接表存储方式程序如图 49.6 所示。

```
00 #include<bits/stdc++.h>
01 using namespace std;
02 int n,m,x[105],y[105];
03 int main(){
04     cin>>n>>m;
05     for(int i=1;i<=m;i++)
06       cin>>x[i]>>y[i];          //用数组直接记录边的两个端点
07     for(int i=1;i<=n;i++){
08         vector<int> v;           //用一个vector记录所有i的邻居
09         v.clear();
10         for(int j=1;j<=m;j++){
11             if(x[j]==i) v.push_back(y[j]);
12             else if(y[j]==i) v.push_back(x[j]);
13         }
14         sort(v.begin(),v.end()); //对v从小到大排序
15         cout<<i<<":";
16         for(int j=0;j<v.size();j++) cout<<' '<<v[j];
17         cout<<endl;
18     }
19     return 0;
20 }
```

图 49.4

```
00 #include<bits/stdc++.h>
01 using namespace std;
02 int n,m,a[105][105];
03 int main(){
04     cin>>n>>m;
05     for(int i=1;i<=m;i++){
06         int u,v;
07         cin>>u>>v;
08         a[u][v]=a[v][u]=1;  //无向图，a[u][v]、a[v][u]都置1
09     }
10     for(int i=1;i<=n;i++){
11         cout<<i<<":";
12         for(int j=1;j<=n;j++)
13           if(a[i][j]) cout<<' '<<j;
14         cout<<endl;
15     }
16     return 0;
17 }
```

图 49.5

```
00 #include<bits/stdc++.h>
01 using namespace std;
02 int n,m;
03 vector<int> G[105];
04 int main(){
05     cin>>n>>m;
06     for(int i=1;i<=m;i++){
07         int u,v;
08         cin>>u>>v;
09         G[u].push_back(v);
10         G[v].push_back(u);  //无向边的两个方向都需要记录
11     }
12     for(int i=1;i<=n;i++){
13         sort(G[i].begin(),G[i].end());
14         cout<<i<<":";
15         for(int j=0;j<G[i].size();j++) cout<<' '<<G[i][j];
16         cout<<endl;
17     }
18     return 0;
19 }
```

图 49.6

运行结果：

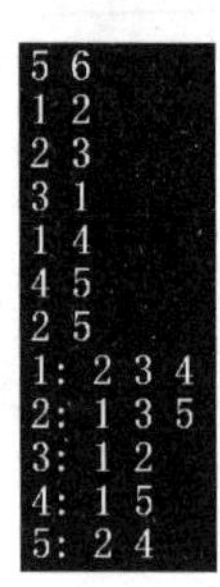

```
5 6
1 2
2 3
3 1
1 4
4 5
2 5
1: 2 3 4
2: 1 3 5
3: 1 2
4: 1 5
5: 2 4
```

成果篮

本节课你有什么收获？

第 50 课　宽度优先搜索

导学牌

(1) 理解宽度优先搜索的基本概念及算法思想。

(2) 学会使用宽度优先搜索求解马的遍历问题。

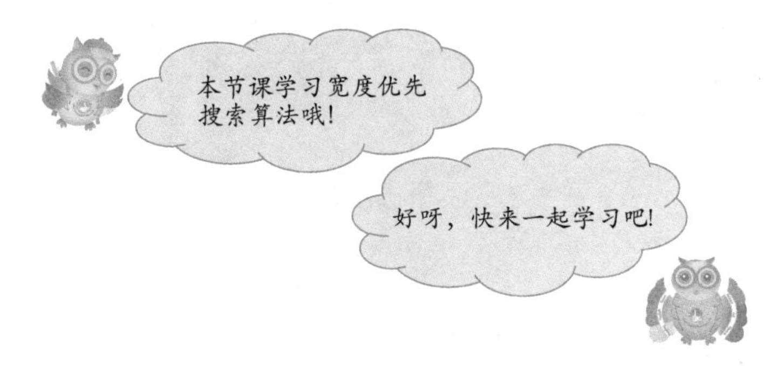

学习坊

1. 宽度优先搜索的基本概念

宽度优先搜索(breadth first search,BFS),又称广度优先搜索,简称宽搜或广搜,是图论中最基本的搜索算法之一。它是按照一定的顺序遍历(或访问)图中的每一个节点。

2. 宽度优先搜索的算法思想

宽搜的算法思想：从一个节点 u 出发,逐层访问与该节点连通的每一个节点。

(1) 在经过宽搜后,对于图中的每一个节点 v,都可以计算出从节点 u 到达该节点 v 需要至少经过的边数,我们将这个边数称为节点 u 到该节点 v 的距离。

(2) 从节点 u 出发,宽搜首先找到所有与节点 u 距离为 1 的节点,然后找到所有与 u 距离为 2 的节点……直到所有节点都被找到为止。如图 50.1 所示,从 $u=0$ 出发。首先,访问距离 u 为 1 的节点{1,2}；然后,访问距离 u 为 2 的节点{3,5,8}；最后,访问距离 u 为 3 的节点{4,6,7}。

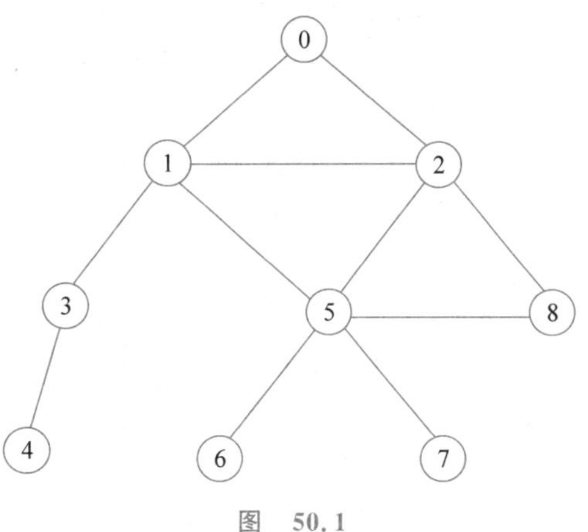

图　50.1

【例 50.1】　读入一张无向连通图。要求编程输出所有节点到起点 u(假设 $u=0$)的距离。

在一张图 G 中，两个节点 u、v 之间有一条路径，则称 u、v 是连通的，如果图 G 中的任意两点都是连通的，即所有节点之间都可以相互到达的图，就称为连通图。

对于任意节点 v 到达 u 的距离，恰巧对应着该节点所在图中的层数。如图 50.1 中，第一层的 1、2 号节点到 0 号节点的距离为 1；第二层的 3、5、8 号节点到 0 号节点的距离为 2；第三层的 4、6、7 号节点到达 0 号节点的距离为 3。

输入：第一行为两个整数 n 和 $m(1\leqslant n,m\leqslant 10^5)$，分别表示图的节点数和边数。接下来的 m 行表示 m 条边的两个端点。

输出：输出所有节点到 $u=0$ 的距离。

样例输入：

```
9 11
0 1
0 2
1 2
1 3
1 5
2 5
2 8
5 8
3 4
5 6
5 7(以图 50.1 为样例)
```

样例输出：

```
0 1 1 2 3 2 3 3 2(点 0～8 分别到点 0 的距离)
```

算法解析：

根据题意，使用宽搜 BFS 算法解决该问题。

在 BFS 中，我们使用队列这一数据结构。首先，创建一个队列 Q，用于存放所有待处理的节点，然后，创建一个 vis 数组，用于表示每个节点是否被访问。

以样例为例，具体 BFS 过程如图 50.2 所示。

(1) 初始时队列 Q 中只有一个节点，即 BFS 的起点 $u=0$。

(2) 按顺序处理 Q 中的每一个节点，处理一个节点 x 时，将 x 连向的且未被访问的所有点依次加入到 Q 的队尾，再将这些点标记为“已访问”。

(3) 将 x 移出队列。

(4) 循此以往，直至队列 Q 中没有任何节点，即 BFS 过程结束。

由于本题需要求解的是每个节点到达 0 号节点的距离。因此，可以创建一个 dis[]数组，用于在 BFS 过程中，记录每个节点到达 0 号节点的距离，即记录该节点所在图中的层数。

初始时 dis[0]=0，表示第 0 层的距离为 0。在访问 0 号节点时，将它的邻居 1 号节点和 2 号节点加入队列，可知 dis[1]和 dis[2]由 dis[0]+1 而得。即当访问到节点 x 时，将 x 的某个邻居 y 加入到队列，可知 dis[y]=dis[x]+1。

编写程序：

根据以上算法解析，可以编写程序如图 50.3 所示。

(1)

Q s t

0			

vis[]

0	1	2	3	4	5	6	7	8
1								

(2)

Q s t

1	2		

vis[]

0	1	2	3	4	5	6	7	8
1	1	1						

(3)

Q s t

2	3	5	

vis[]

0	1	2	3	4	5	6	7	8
1	1	1	1		1			

(4)

Q s t

3	5	8	

vis[]

0	1	2	3	4	5	6	7	8
1	1	1	1		1			1

(5)

Q s t

5	8	4	

vis[]

0	1	2	3	4	5	6	7	8
1	1	1	1	1	1			1

(6)

Q s t

8	4	6	7

vis[]

0	1	2	3	4	5	6	7	8
1	1	1	1	1	1	1	1	1

(7)

Q s t

4	6	7	

vis[]

0	1	2	3	4	5	6	7	8
1	1	1	1	1	1	1	1	1

(8)

Q s t

6	7		

vis[]

0	1	2	3	4	5	6	7	8
1	1	1	1	1	1	1	1	1

(9)

Q s t

7			

vis[]

0	1	2	3	4	5	6	7	8
1	1	1	1	1	1	1	1	1

(10)

Q s t

vis[]

0	1	2	3	4	5	6	7	8
1	1	1	1	1	1	1	1	1

图 50.2

```
00 #include<bits/stdc++.h>
01 using namespace std;
02 const int N=1e5+10;
03 vector<int> G[N];
04 int n,m,dis[N],que[N],s=1,t=0;
05 bool vis[N];
06 int main(){
07     cin>>n>>m;
08     for(int i=0;i<m;i++){
09         int u,v;
10         cin>>u>>v;
11         G[u].push_back(v);
12         G[v].push_back(u);
13     }
14     dis[0]=0; vis[0]=1;              //初始化
15     que[++t]=0;                      //将0号节点加入队列
16     while(s<=t){
17         int x=que[s]; s++;
18         for(int i=0;i<G[x].size();i++){
19             int y=G[x][i];           //y是x的邻居
20             if(!vis[y]){             //如果y未访问过
21                 que[++t]=y;          //则将y加入队列
22                 vis[y]=1;            //标记为已访问
23                 dis[y]=dis[x]+1;     //记录距离
24             }
25         }
26     }
27     for(int i=0;i<n;i++) cout<<dis[i]<<" ";
28     cout<<endl;
29     return 0;
30 }
```

图 50.3

运行结果：

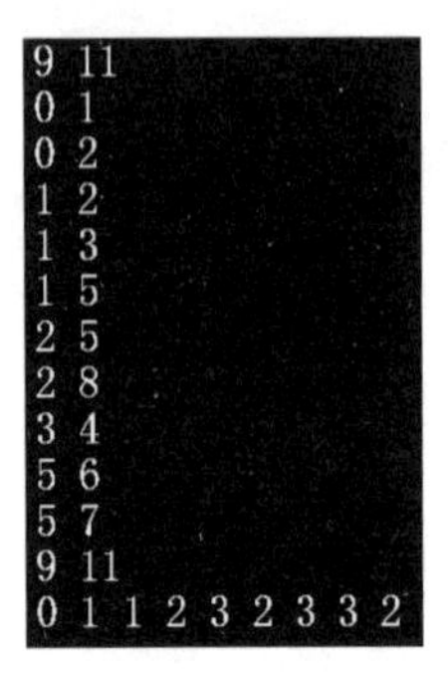

程序说明：

程序中使用的是数组 que[]模拟队列，变量指针 s、t 分别指向队头和队尾。其实也可以使用 STL 中的 queue 实现队列，从而避免程序中出现过多的变量设定，以此进一步增强程序的可读性。具体参考程序如图 50.4 所示。

【例 50.2】 将例 50.1 中的条件改写成“读入的图不是连通图”，该如何修改程序，使得程序输出满足：如果与 0 号节点连通，输出该点到 0 号节点的距离，否则输出−1。

样例输入：

```
12 14
0 1
0 2
```

```
1 2
1 3
1 5
2 5
2 8
5 8
3 4
5 6
5 7
9 10
9 11
10 11
```

```
00 #include<bits/stdc++.h>
01 using namespace std;
02 const int N=1e5+10;
03 vector<int> G[N];
04 queue<int> Q;
05 int n,m,dis[N];
06 bool vis[N];
07 int main(){
08     cin>>n>>m;
09     for(int i=0;i<m;i++){
10         int u,v; cin>>u>>v;
11         G[u].push_back(v);
12         G[v].push_back(u);
13     }
14     dis[0]=0; vis[0]=1;
15     Q.push(0);
16     while(!Q.empty()){             //队列Q不为空
17         int x=Q.front(); Q.pop();
18         for(int i=0;i<G[x].size();i++){
19             int y=G[x][i];         //y是x的邻居
20             if(!vis[y]){           //如果y未访问过
21                 Q.push(y);         //则将y加入队列
22                 vis[y]=1;          //标记为已访问
23                 dis[y]=dis[x]+1;   //记录距离
24             }
25         }
26     }
27     for(int i=0;i<n;i++) cout<<dis[i]<<" ";
28     cout<<endl;
29     return 0;
30 }
```

图 50.4

样例输出：

```
0 1 1 2 3 2 3 3 2 -1 -1 -1(-1 表示与 0 号节点不连通)
```

算法解析：

以样例为例，如图 50.5 所示。

根据题意，有以下两种方法。

方法一：首先，使用将 dis[]数组初始化为－1。然后，从 0 号节点出发，遍历所有与 0 号节点连通的点。最后，未被访问的节点仍是初始值－1，直接输出数组 dis[]的值即可。

方法二：由于 vis[]数组是用于标记节点是否被访问过，因此只需要在输出时，直接判断节点是否已被访问过。如果已被访问，直接输出 dis[]中的值，否则输出－1。

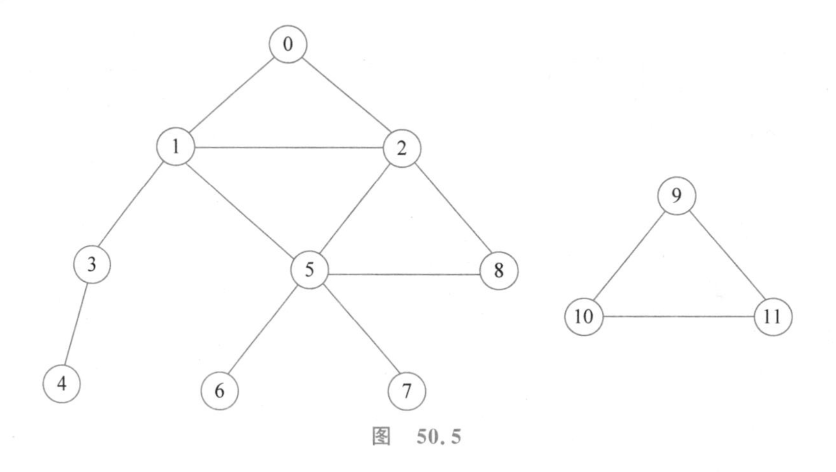

图 50.5

编写程序：

根据以上算法解析的方法一，可以编写程序如图 50.6 所示。

```
00 #include<bits/stdc++.h>
01 using namespace std;
02 const int N=1e5+10;
03 vector<int> G[N];
04 queue<int> Q;
05 int n,m,dis[N];
06 bool vis[N];
07 int main(){
08     cin >> n >> m;
09     for (int i=0;i<m;i++){
10         int u,v; cin >> u >> v;
11         G[u].push_back(v);
12         G[v].push_back(u);
13     }
14     memset(dis,-1,sizeof(dis));  //将dis[]初始化为-1
15     dis[0]=0; vis[0]=1; Q.push(0);
16     while (!Q.empty()){
17         int x=Q.front(); Q.pop();
18         for (int i=0;i<G[x].size();i++){
19             int y=G[x][i];
20             if (!vis[y]){
21                 Q.push(y);
22                 vis[y]=1;
23                 dis[y]=dis[x]+1;
24             }
25         }
26     }
27     for (int i=0;i<n;i++) cout << dis[i] << " ";
28     cout << endl;
29     return 0;
30 }
```

图 50.6

运行结果：

```
12 14
0 1
0 2
1 2
1 3
1 5
2 5
2 8
5 8
3 4
5 6
5 7
9 10
9 11
10 11
0 1 1 2 3 2 3 3 2 -1 -1 -1
```

【例 50.3】 马的遍历。有一个 $n \times m$ 的棋盘，在某个点(x,y)上有一个马，要求计算出马到达棋盘上任意一个节点最少要走几步。

输入：输入只有一行，为四个整数，分别为 n,m,x,y，$1 \leqslant x \leqslant n \leqslant 400$，$1 \leqslant y \leqslant m \leqslant 400$。

输出：每一个 $n \times m$ 的矩阵，代表马到达某个点最少要走几步(不能到达则输出−1)。

注：题目出自 https://www.luogu.com.cn/problem/P1443。

样例输入：

```
3 3 1 1
```

样例输出：

```
0    3    2
3   -1    1
2    1    4
```

算法解析：

众所周知，在棋盘上“马走日，象走田”，如图 50.7 所示。我们可以将棋盘看成一张图，每个小方格代表一个节点，如果两个节点之间可以用马跳一步到达，则就连成一条边。

根据题意，问题可以转化成图的宽度优先搜索问题。以样例为例，可以将问题转化成如图 50.8 所示的无向图。

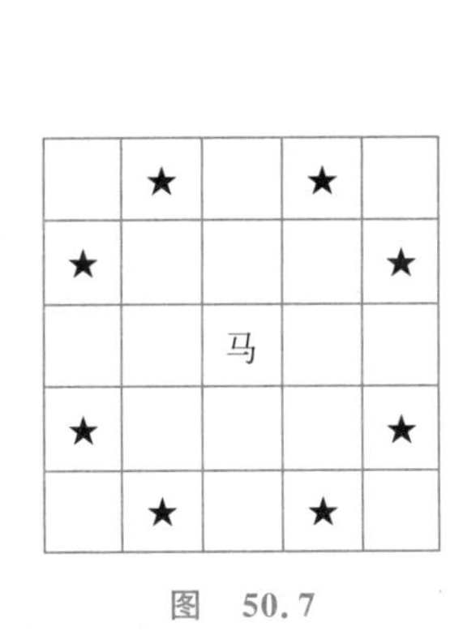

图 50.7

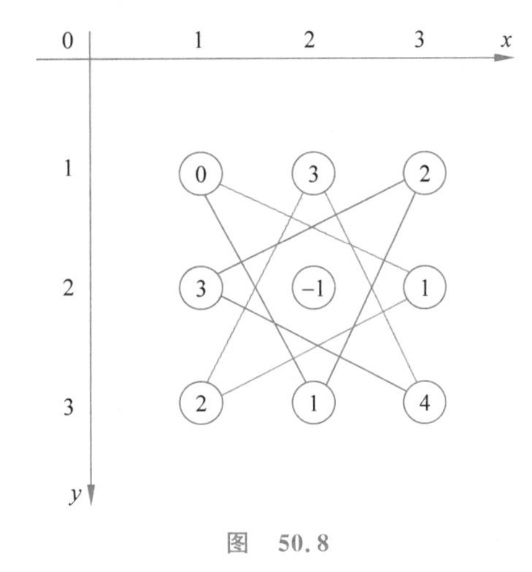

图 50.8

(1) 图 50.8 中蓝色线段连向的节点，即(1,1)→(3,2)→(1,3)→(2,1)→(3,3)表示马从起点坐标(1,1)出发，可以一步到达的节点至少需要经过的步数分别是 0(起点的步数)、1、2、3、4。

(2) 图 50.8 中黑色线段连向的节点，即(1,1)→(2,3)→(3,1)→(1,2)→(3,3)表示马从起点坐标(1,1)出发，可以一步到达的节点至少需要经过的步数分别是 0、1、2、3、4。

(3) 图 50.8 中坐标(2,2)为马不能到达的节点，标记为−1。

当然，在求解本问题过程中，并不需要建立真正的图，而是在处理一个节点(x,y)时，直接找到它能一步(用马)到达的节点。

编写程序：

根据以上算法解析，可以编写程序如图 50.9 所示。

```
00 #include<bits/stdc++.h>
01 using namespace std;
02 const int N=410;
03 typedef pair<int,int>pi;              //定义一个二元组类型
04 queue<pi> Q;
05 int n,m,x,y,dis[N][N];
06 bool vis[N][N];
07 int dx[8]={1,1,2,2,-1,-1,-2,-2};  //马可以一步到达的8个方向的x坐标
08 int dy[8]={2,-2,1,-1,2,-2,1,-1};  //马可以一步到达的8个方向的y坐标
09 int main(){
10     cin>>n>>m>>x>>y;
11     memset(dis,-1,sizeof(dis));  //初始化
12     Q.push((pi){x,y});
13     dis[x][y]=0;
14     vis[x][y]=1;
15     while(!Q.empty()){
16         pi tmp=Q.front();
17         Q.pop();
18         int x=tmp.first ,y=tmp.second ;
19         for(int i=0;i<8;i++){  //依次枚举(x,y)可以到达的8个方向
20             int nx=x+dx[i];     //从x出发马能够到达的节点nx
21             int ny=y+dy[i];     //从y出发马能够到达的节点ny
22             //保证(nx,ny)是在棋盘内且未被访问过
23             if(nx>=1&&nx<=n&&ny>=1&&ny<=m&&(!vis[nx][ny])){
24                 Q.push((pi){nx,ny});
25                 vis[nx][ny]=1;
26                 dis[nx][ny]=dis[x][y]+1;
27             }
28         }
29     }
30     for(int i=1;i<=n;i++){
31         for(int j=1;j<=m;j++) cout<<dis[i][j]<<" ";
32         cout<<endl;
33     }
34 }
```

图 50.9

运行结果：

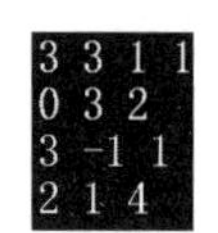

```
3 3 1 1
0 3 2
3 -1 1
2 1 4
```

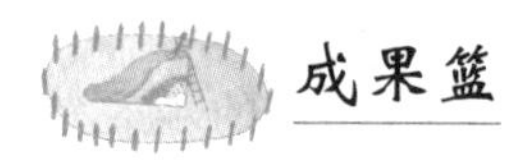

成果篮

本节课你有什么收获？

第 51 课 深度优先搜索

导学牌

(1) 理解深度优先搜索的基本概念及算法思想。

(2) 学会使用深度度优先搜索求解填涂颜色问题。

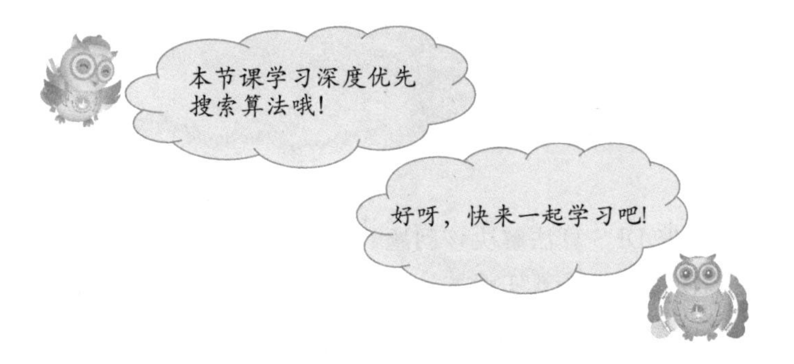

学习坊

1. 深度优先搜索的基本概念

深度优先搜索(depth first search,DFS)简称深搜,是一种用于遍历(或搜索)树或图的算法。它是按照一定的规则顺序,首先从某一个状态出发,沿着一条路径一直走下去,直到无路可走,然后再回退到刚访问过的上一个状态。继续按照原先设定的规则顺序,重新寻找一条路径一直走下去。如此搜索,直到找到目标状态,或者遍历完所有状态。

2. 深度优先搜索的算法思想

(1) 深搜最显著的特征在于其递归调用自身。

(2) 与 BFS 类似,DFS 会对其访问过的节点标上访问标记,在遍历图时跳过已标记的节点,以确保每个节点仅访问一次。例如,对于图 51.1 所示的一个无向连通图,从 1 号节点进行 DFS,可以得到的一个访问序列为 1、2、4、8、5、3、6、7(不唯一,由读入图的节点顺序决定)。

符合以上两条规则的函数,便是广义上的 DFS。

注意:DFS 和 BFS 都是可以遍历图的连通块的算法,但是算法思想并不相同。

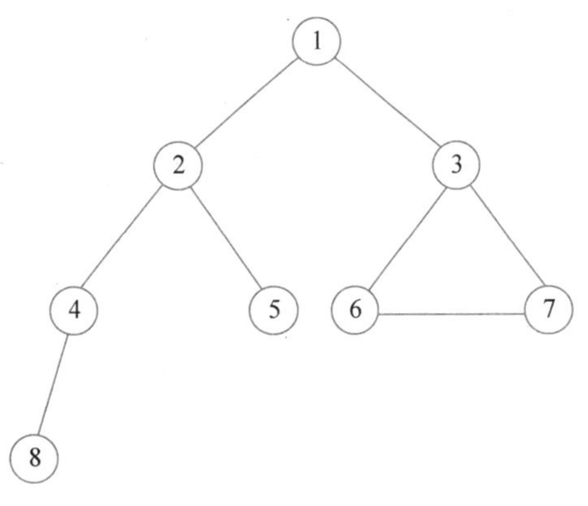

图 51.1

【例 51.1】 读入一张无向连通图。要求编程输出 DFS 依次访问每个节点的顺序，这个顺序也被称为 DFS 序。

输入：第一行为两个整数 n 和 m（$1 \leqslant n, m \leqslant 10^5$），分别表示图的点数和边数。接下来的 m 行表示 m 条边的两个端点。

输出：输出 DFS 序列。

样例输入：

```
8 8
1 2
1 3
2 4
2 5
3 6
3 7
6 7
4 8(以图 51.1 为样例)
```

样例输出：

```
1 2 4 8 5 3 6 7
```

算法解析：

根据题意，使用宽搜 DFS 算法解决该问题。

在 DFS 中，我们使用递归函数实现算法。首先，定义一个递归函数 dfs(int u)，用于表示搜索到点 u。在该函数中，依次检查 u 的所有邻居，对于 u 未访问的邻居调用该 dfs 函数。然后，开一个 vis 数组，用于表示每个节点是否被访问。

编写程序：

根据以上算法解析，可以编写程序如图 51.2 所示。

```
00 #include<bits/stdc++.h>
01 using namespace std;
02 const int N=1e5+10;
03 vector<int> G[N];
04 int n,m;
05 bool vis[N];
06 void dfs(int u){
07     cout<<u<<" ";        //输出dfs序
08     for(int i=0;i<G[u].size();i++){
09         int v=G[u][i];
10         if(!vis[v]){
11             vis[v]=1;    //标记已访问
12             dfs(v);      //递归调用u的一个邻居v
13         }
14     }
15 }
16 int main(){
17     cin>>n>>m;
18     for(int i=0;i<m;i++){
19         int u,v;
20         cin>>u>>v;
21         G[u].push_back(v);
22         G[v].push_back(u);
23     }
24     vis[1]=1;
25     dfs(1);
26     cout<<endl;
27     return 0;
28 }
```

图 51.2

运行结果：

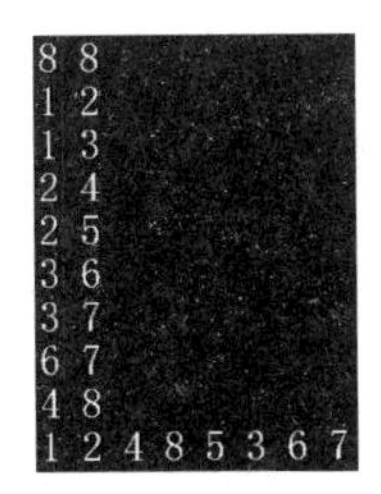

```
8 8
1 2
1 3
2 4
2 5
3 6
3 7
6 7
4 8
1 2 4 8 5 3 6 7
```

【例 51.2】 统计无向图的连通分量。给定一张图 G，要求编程求出图中的所有连通分量。连通分量（即连通块）是表示图的节点的一个子集，它们之间可以相互到达。如图 51.3 所示，该图有 2 个连通分量。

输入：第一行为两个整数 n 和 $m(1\leqslant n,m\leqslant 10^5)$，分别表示图的点数和边数。接下来的 m 行，表示 m 条边的两个端点。

输出：第一行输出图的连通分量的个数。接下来的每行，首先输出该连通分量的大小，然后依次输出每个节点。

样例输入：

```
5 4
1 2
3 4
3 5
4 5
```

样例输出：

```
2
2 1 2
3 3 4 5
```

算法解析：

以样例为例，如图 51.3 所示。

根据题意，使用 DFS 算法实现统计无向图的连通分量。

在例 51.1 中，读入的是一张无向连通图。而本题中，读入的图可能是如图 51.1 所示的无向连通图，也可能是如图 51.3 所示的包含多个连通分量的无向图。

图 51.3

(1) 如果图是连通图，直接对 1 号节点进行 DFS，则会访问图的所有节点。

(2) 如果图不是连通图，对 1 号节点进行 DFS，则会访问所有与 1 号节点在同一连通块的节点，这样就找到了图中包含 1 号节点的连通块。接下来，再找到第一个未被访问的节点 x，对 x 号节点进行 DFS，这样就找到了图中包含 x 号节点的连通块。重复以上过程，直到所有节点都被访问过，就找到了图的所有连通块。

编写程序：

根据以上算法解析，可以编写程序如图 51.4 所示。

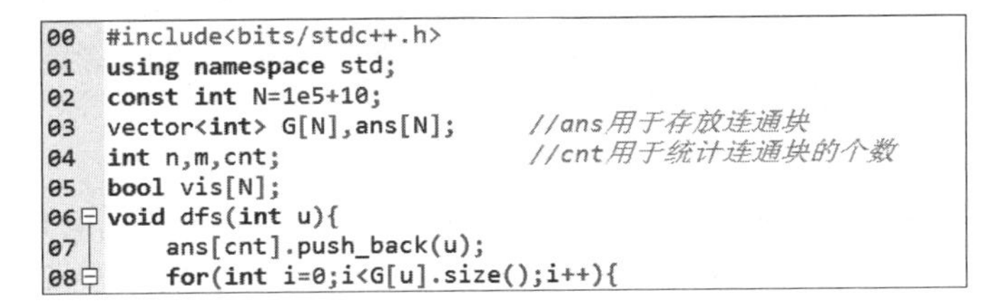

```
00  #include<bits/stdc++.h>
01  using namespace std;
02  const int N=1e5+10;
03  vector<int> G[N],ans[N];      //ans用于存放连通块
04  int n,m,cnt;                  //cnt用于统计连通块的个数
05  bool vis[N];
06  void dfs(int u){
07      ans[cnt].push_back(u);
08      for(int i=0;i<G[u].size();i++){
```

图 51.4

```
09 |            int v=G[u][i];
10 |            if(!vis[v]) vis[v]=1,dfs(v);
11 |        }
12 | }
13 | int main(){
14 |     cin>>n>>m;
15 |     for(int i=1;i<=m;i++){
16 |         int u,v; cin>>u>>v;
17 |         G[u].push_back(v);
18 |         G[v].push_back(u);
19 |     }
20 |     for(int i=1;i<=n;i++)      //按顺序访问每个连通块
21 |       if(!vis[i]){
22 |         cnt++; vis[i]=1;
23 |         dfs(i);
24 |       }
25 |     cout<<cnt<<endl;           //输出连通块的个数
26 |     for(int i=1;i<=cnt;i++){
27 |         cout<<ans[i].size(); //输出每个连通块的大小
28 |         for(int j=0;j<ans[i].size();j++)
29 |           cout<<' '<<ans[i][j];
30 |         cout<<endl;
31 |     }
32 |     return 0;
33 | }
```

图 51.4(续)

运行结果：

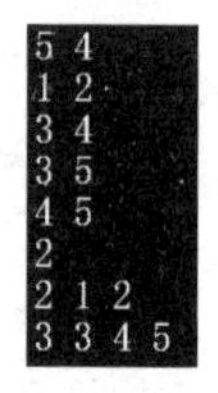

```
5 4
1 2
3 4
3 5
4 5
2
2 1 2
3 3 4 5
```

【例 51.3】 填涂颜色。由数字 0 组成的方阵中，有一任意形状闭合圈，闭合圈由数字 1 构成，围圈时只走上、下、左、右 4 个方向。现要求把闭合圈内的所有空间都填写成 2。例如，6×6 的方阵($n=6$)，涂色前和涂色后的方阵分别如样例输入和样例输出所示。

输入：每组测试数据的第一行为一个整数 $n(1\leqslant n\leqslant 30)$。接下来 n 行为由 0 和 1 组成的 $n\times n$ 的方阵。方阵内只有一个闭合圈，圈内至少有一个 0。

输出：已经填好数字 2 的完整方阵。

注：题目出自 https://www.luogu.com.cn/problem/P1162。

样例输入：

```
6
0 0 0 0 0 0
0 0 1 1 1 1
0 1 1 0 0 1
1 1 0 0 0 1
1 0 0 0 0 1
1 1 1 1 1 1
```

样例输出：

```
0 0 0 0 0 0
0 0 1 1 1 1
0 1 1 2 2 1
1 1 2 2 2 1
1 2 2 2 2 1
1 1 1 1 1 1
```

算法解析：

根据题意可知，要求将闭合圈内的 0 改写成 2，然后输出。如果从正面直接找闭合圈内的 0，显然是比较困难的。再从已知条件入手，将这个 $n\times n$ 的方阵看成是一张图，而图中闭合圈内的 0 改写成 2，其实就是指将不包含边界上 0 的连通块填写成 2。具体算法步骤如下。

(1) 开一个数组 a 和数组 vis，分别用于存放图和做访问标记。

(2) 使用 DFS(或 BFS)直接搜索边界上 0 的连通块，并标记为已访问。

(3) 除去 a 中含 1 且 vis 中标记为已访问的点外，如图 51.5(a)和(b)所示，将剩余的 0 改写成 2，如图 51.5(c)所示，并输出修改后的图。

注：本题采用的是 DFS 搜索算法。若采用 BFS 搜索算法参考算法实践园一。

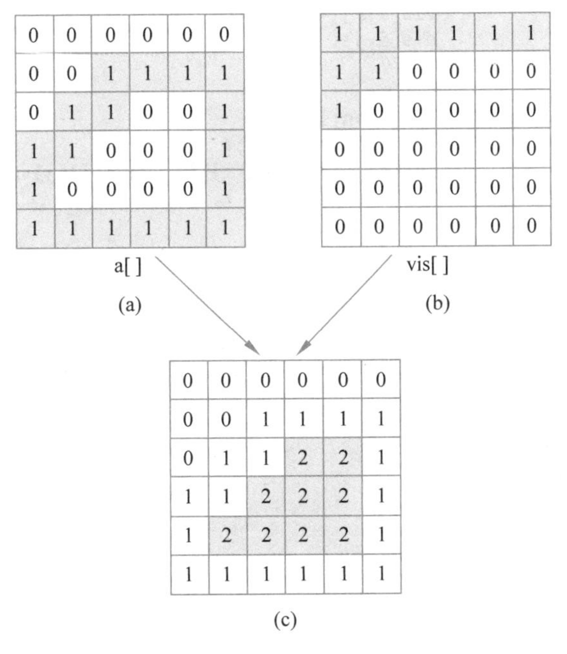

图 51.5

编写程序：

根据以上算法解析，可以编写程序如图 51.6 所示。

```
00 #include<bits/stdc++.h>
01 using namespace std;
02 bool vis[35][35];
03 int n,a[35][35];
04 int dx[4]={1,0,-1,0};
05 int dy[4]={0,1,0,-1};
06 bool valid(int x,int y){  //判断是否出界
07     return x>=1&&x<=n&&y>=1&&y<=n;
08 }
09 void dfs(int x,int y){
10     for(int i=0;i<4;i++){
11         int nx=x+dx[i];
12         int ny=y+dy[i];
13         if(valid(nx,ny)&&!a[x][y]&&!vis[nx][ny]){
14             vis[nx][ny]=1;
15             dfs(nx,ny);
16         }
17     }
18 }
```

图 51.6

```
19 int main(){
20     cin>>n;
21     for(int i=1;i<=n;i++)
22       for(int j=1;j<=n;j++) cin>>a[i][j];
23     for(int i=1;i<=n;i++)
24       for(int j=1;j<=n;j++){
25         if(!(i==1||i==n||j==1||j==n)) continue;
26         if(!vis[i][j]){
27             vis[i][j]=1;
28             dfs(i,j);
29           }
30       }
31     for(int i=1;i<=n;i++){
32         for(int j=1;j<=n;j++){
33             if(!vis[i][j]&&a[i][j]==0) a[i][j]=2;
34             cout<<a[i][j]<<" ";
35         }
36         cout<<endl;
37     }
38     return 0;
39 }
```

图 51.6(续)

运行结果：

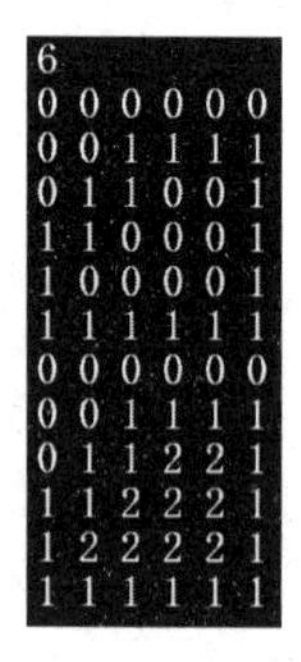

```
6
0 0 0 0 0 0
0 0 1 1 1 1
0 1 1 0 0 1
1 1 0 0 0 1
1 0 0 0 0 1
1 1 1 1 1 1
0 0 0 0 0 0
0 0 1 1 1 1
0 1 1 2 2 1
1 1 2 2 2 1
1 2 2 2 2 1
1 1 1 1 1 1
```

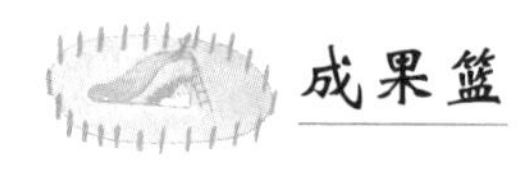

成果篮

本节课你有什么收获？

第 52 课　算法实践园

导学牌

(1) 掌握图与搜索的基本概念。

(2) 学会使用 BFS 和 DFS 解决图上的实际问题。

实践园一：填涂颜色

【题目描述】 由数字 0 组成的方阵中，有一任意形状闭合圈，闭合圈由数字 1 构成，围圈时只走上、下、左、右 4 个方向。现要求把闭合圈内的所有空间都填写成 2。例如，6×6 的方阵($n=6$)。涂色前和涂色后的方阵分别如样例输入和样例输出所示。

输入：每组测试数据的第一行为一个整数 $n(1\leqslant n\leqslant 30)$。接下来的 n 行为由 0 和 1 组成的 $n\times n$ 的方阵。方阵内只有一个闭合圈，圈内至少有一个 0。

输出：已经填好数字 2 的完整方阵。

注：题目出自 https://www.luogu.com.cn/problem/P1162。

样例输入：

```
6
0 0 0 0 0 0
0 0 1 1 1 1
0 1 1 0 0 1
1 1 0 0 0 1
1 0 0 0 0 1
1 1 1 1 1 1
```

样例输出：

```
0 0 0 0 0 0
0 0 1 1 1 1
0 1 1 2 2 1
1 1 2 2 2 1
1 2 2 2 2 1
1 1 1 1 1 1
```

实践园一参考程序：

```
#include<bits/stdc++.h>
using namespace std;
```

```
const int maxn = 400 + 10;
typedef pair< int, int > pi;
queue< pi > Q;
int n, m, a[maxn][maxn];
bool vis[maxn][maxn];
int dx[4] = {1, -1, 0, 0};
int dy[4] = {0, 0, 1, -1};
int main(){
    cin >> n;
    for (int i = 1; i <= n; i++)
        for (int j = 1; j <= n; j++)
            cin >> a[i][j];
    Q.push((pi){0, 0});
    vis[0][0] = 1;
    while (!Q.empty()){
        pi tmp = Q.front(); Q.pop();
        int x = tmp.first, y = tmp.second;
        for (int i = 0; i < 4; i++){
            int xx = x + dx[i];
            int yy = y + dy[i];
            if (xx >= 0&&xx <= n + 1&&yy >= 0&&yy <= n + 1&&!vis[xx][yy]&&!a[xx][yy]){
                Q.push((pi){xx, yy});
                vis[xx][yy] = 1;
            }
        }
    }
    for (int i = 1; i <= n; i++){
        for (int j = 1; j <= n; j++){
            if (!vis[i][j]&&!a[i][j]) a[i][j] = 2;
            cout << a[i][j] << ' ';
        }
        cout << endl;
    }
}
```

实践园二：奶酪

【题目描述】 现有一块大奶酪，它的高度为 h，我们可以认为它的长度和宽度是无限大的，奶酪中间有许多半径相同的球形空洞。我们可以在这块奶酪中建立空间坐标系，在坐标系中，奶酪的下表面为 $z=0$，奶酪的上表面为 $z=h$。

现在，奶酪的下表面有一只小老鼠，它知道奶酪中所有空洞的球心所在的坐标。如果两个空洞相切或是相交，则小老鼠可以从其中一个空洞跑到另一个空洞，特别地，如果一个空洞与下表面相切或是相交，小老鼠则可以从奶酪下表面跑进空洞；如果一个空洞与上表面相切或是相交，小老鼠则可以从空洞跑到奶酪上表面。

位于奶酪下表面的小老鼠想知道，在不破坏奶酪的情况下，能否利用已有的空洞跑到奶酪的上表面去？

空间内两点 $P_1(x_1, y_1, z_1)$、$P_2(x_2, y_2, z_2)$的距离公式如下：

$$\text{dist}(P_1,P_2)=\sqrt{(x_1-x_2)^2+(y_1-y_2)^2+(z_1-z_2)^2}$$

输入：多组测试数据。第一行包含一个正整数 T，代表多组测试数据的数量。接下来是 T 组数据，每组数据的格式如下：第一行包含三个正整数 n、h、r，两个数之间以一个空格分开，分别代表奶酪中空洞的数量、奶酪的高度和空洞的半径。

接下来的 n 行，每行包含三个整数 x、y、z，两个数之间以一个空格分开，表示空洞球心坐标为 (x,y,z)。

输出：T 行，分别对应 T 组数据的答案，如果在第 i 组数据中，小老鼠能从下表面跑到上表面，则输出 Yes；如果不能，则输出 No。

说明：

(1) 样例说明如下。

第一组数据，由奶酪的剖面图 52.1(a)可见，第一个空洞在 (0,0,0)与下表面相切；第二个空洞在 (0,0,4) 与上表面相切；两个空洞在 (0,0,2) 相切。输出 Yes。

第二组数据，由奶酪的剖面图 52.1(b)可见，两个空洞既不相交也不相切。输出 No。

第三组数据，由奶酪的剖面图 52.1(c)可见，两个空洞相交，且与上下表面相切或相交。输出 Yes。

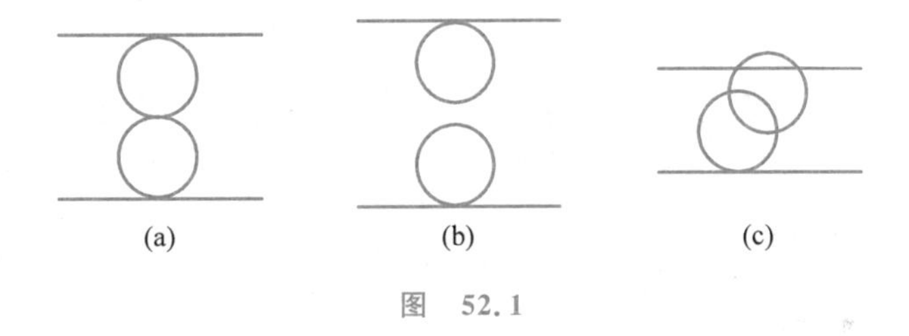

图 52.1

(2) 数据规模与约定。

对于 20% 的数据，$n=1$，$1\leqslant h,r\leqslant 10^4$，坐标的绝对值不超过 10^4。

对于 40% 的数据，$1\leqslant n\leqslant 8$，$1\leqslant h,r\leqslant 10^4$，坐标的绝对值不超过 10^4。

对于 80% 的数据，$1\leqslant n\leqslant 10^3$，$1\leqslant h,r\leqslant 10^4$，坐标的绝对值不超过 10^4。

对于 100% 的数据，$1\leqslant n\leqslant 1\times 10^3$，$1\leqslant h,r\leqslant 10^9$，$T\leqslant 20$，坐标的绝对值不超过 10^9。

注：题目出自 https://www.luogu.com.cn/problem/P3958。

样例输入：

```
3
2 4 1
0 0 1
0 0 3
2 5 1
0 0 1
0 0 4
2 5 2
0 0 2
2 0 4
```

样例输出：

```
Yes
No
Yes
```

实践园二参考程序：

```
#include<bits/stdc++.h>
using namespace std;
typedef long long ll;
const int N=1005;
bool f[N][N],vis[N];
int T,n;
ll x[N],y[N],z[N],h,r;
ll sqr(ll x){
   return x*x; }
int main(){
    cin>>T;
    while(T--){
        cin>>n>>h>>r;
        memset(f,0,sizeof(f));
        memset(vis,0,sizeof(vis));
        for(int i=1;i<=n;i++) cin>>x[i]>>y[i]>>z[i];
        for(int i=1;i<=n;i++){
            if(z[i]<=r) f[0][i]=f[i][0]=1; //如果第i个球与底面是有路,标记为1
            if(z[i]>=h-r) f[n+1][i]=f[i][n+1]=1; //如果第i个球与顶面是有路,标记为1
        }
        for(int i=1;i<=n;i++)
            for(int j=i+1;j<=n;j++){
            if(sqr(x[i]-x[j])+sqr(y[i]-y[j])+sqr(z[i]-z[j])<=r*r*4)
                f[i][j]=f[j][i]=1; //如果第i个球与第j个球有路，标记为1
            }
        queue<int> q;
        q.push(0);vis[0]=1;
        while(!q.empty()){
            int u=q.front();q.pop();
            for(int i=1;i<=n+1;i++)
                if(f[u][i] && !vis[i]){
                    q.push(i);
                    vis[i]=1;
                }
        }
        if(vis[n+1]) cout<<"Yes"<<endl;
        else cout<<"No"<<endl;
    }
    return 0;
}
//f[i][j]:标记第i个球与第j个球之间是否有路
//f[0][i]或f[i][0]:标记第i个球与底面是否有路
//f[n+1][i]或f[i][n+1]:标记第i个球与顶面是否有路
```

实践园三：迷宫问题

【题目描述】 定义一个二维数组：

int maze[5][5]={

0,1,0,0,0,

0,1,0,1,0,

```
0,0,0,0,0,
0,1,1,1,0,
0,0,0,1,0,
};
```

它表示一个迷宫，其中的1表示墙壁，0表示可以走的路，只能横着走或竖着走，不能斜着走，要求编程找出从左上角到右下角的最短路线。

输入：一个5×5的二维数组，表示一个迷宫。数据保证有唯一解。

输出：左上角到右下角的最短路径，格式如样例所示。

注：题目出自 http://poj.org/problem?id=3984。

样例输入：

```
0 1 0 0 0
0 1 0 1 0
0 0 0 0 0
0 1 1 1 0
0 0 0 1 0
```

样例输出：

```
(0, 0)
(1, 0)
(2, 0)
(2, 1)
(2, 2)
(2, 3)
(2, 4)
(3, 4)
```

实践园三参考程序：

```
#include <iostream>
#include <cstring>
#include <queue>
using namespace std;
struct node{
    int x,y;
};
queue<node> Q;
int n,m,x,y,ban[5][5],dis[5][5];
node pre[5][5];                          //记录父亲节点坐标
bool valid(int x,int y){
    return x>=0 && x<=4 && y>=0 && y<=4 && !ban[x][y];
}
void go(int x,int y){                    //递归输出
    if(x>0||y>0) go(pre[x][y].x,pre[x][y].y);
    cout<<"("<<x<<", "<<y<<")"<<endl;
}
int dx[4]={-1,0,1,0};
int dy[4]={0,1,0,-1};
int main(){
    for(int i=0;i<5;i++)
        for(int j=0;j<5;j++) cin>>ban[i][j];
    memset(dis,-1,sizeof(dis));
    dis[0][0]=0;
    node tmp;tmp.x=0;tmp.y=0;
    Q.push(tmp);
```

```
    while(!Q.empty()){
        node now = Q.front();Q.pop();
        int x = now.x , y = now.y;
        for(int i = 0;i < 4;i++){
            int nx = x + dx[i];
            int ny = y + dy[i];
            if(valid(nx,ny) && dis[nx][ny] == - 1){
                dis[nx][ny] = dis[x][y] + 1;
                pre[nx][ny] = now;
                node tmp;tmp.x = nx;tmp.y = ny;
                Q.push(tmp);
            }
        }
    }
    go(4,4);
    return 0;
}
```

实践园四：抓住逃跑的奶牛

【题目描述】 农夫约翰被告知一头逃跑的奶牛的位置，他想立即抓住它。他从数轴上的点 $N(0 \leqslant N \leqslant 100000)$ 开始，牛在同一数轴上的点 $K(0 \leqslant K \leqslant 100000)$ 开始。农民约翰有以下两种交通方式。

（1）约翰可以在一分钟内从任何点 X 移动到点 $X-1$ 或 $X+1$。

（2）约翰可以在一分钟内从任意 X 点移动到 $2X$ 点。

如果牛没有意识到约翰在追它，站在原地根本不动，问约翰要花多长时间才能把牛找回来？

输入：共一行，两个用空格分隔的整数 N 和 K。

输出：农夫约翰用了最少的时间（以分钟为单位）抓住了逃跑的奶牛。

注：题目出自 http://poj.org/problem?id=3278。

样例输入：

```
5 17
```

样例输出：

```
4
```

实践园四参考程序：

```
#include<iostream>
#include<cstring>
#include<queue>
using namespace std;
const int N = 200005;
queue<int> Q;
int dis[N];
int main(){
    int s,t;
    cin >> s >> t;
```

```
    memset(dis, -1,sizeof(dis));
    dis[s] = 0;Q.push(s);
    while(!Q.empty()){
        int x = Q.front();Q.pop();
        int dx[3] = {-1,1,x}; //只能跳到 x-1,x+1,或者 2x(即 x+x)的位置,偏移量为{-1,1,x}
        for(int i = 0;i<3;i++){
            int nx = x + dx[i];
            if(nx <= N && dis[nx] == -1){
                dis[nx] = dis[x] + 1;
                Q.push(nx);
            }
        }
    }
    cout << dis[t]<< endl;
    return 0;
}
```

实践园五：01 迷宫

【题目描述】 有一个仅由数字 0 与 1 组成的 $n \times n$ 格迷宫。若你位于一格 0 上，那么你可以移动到相邻 4 格中的某一格 1 上，同样若你位于一格 1 上，那么你可以移动到相邻 4 格中的某一格 0 上。

你的任务是：对于给定的迷宫，询问从某一格开始能移动到多少个格子(包含自身)。

输入：有一个仅由数字 0 与 1 组成的 $n \times n$ 格迷宫。若你位于一格 0 上，那么你可以移动到相邻 4 格中的某一格 1 上，同样若你位于一格 1 上，那么你可以移动到相邻 4 格中的某一格 0 上。

你的任务是：对于给定的迷宫，询问从某一格开始能移动到多少个格子(包含自身)。

输出：共 m 行，对于每个询问输出相应答案。

说明：所有格子互相可达。

对于 20% 的数据，$n \leqslant 10$；对于 40% 的数据，$n \leqslant 50$；对于 50% 的数据，$m \leqslant 5$；对于 60% 的数据，$n, m \leqslant 100$；对于 100% 的数据，$n \leqslant 1000, m \leqslant 100000$。

注：题目出自 https://www.luogu.com.cn/problem/P1141。

样例输入：

```
2 2
01
10
1 1
2 2
```

样例输出：

```
4
4
```

实践园五参考程序：

```
#include <bits/stdc++.h>
using namespace std;
bool vis[1005][1005];
```

```
int n,q,a[1005][1005],cnt,id[1005][1005];
int sz[1000005];
char s[1005];
int dx[4] = {1,0, - 1,0};
int dy[4] = {0,1,0, - 1};
bool valid(int x,int y){
    return x >= 1&&x <= n&&y >= 1&&y <= n;
}
void dfs(int x,int y){
    id[x][y] = cnt;
    sz[cnt]++;
    for (int i = 0;i < 4;i++){
        int nx = x + dx[i];
        int ny = y + dy[i];
        if (valid(nx,ny)&&a[nx][ny]!= a[x][y]&&!vis[nx][ny]){
            vis[nx][ny] = 1;
            dfs(nx,ny);
        }
    }
}
int main(){
    cin >> n >> q;
    for (int i = 1;i <= n;i++){
        cin >> s + 1;
        for (int j = 1;j <= n;j++) a[i][j] = (s[j] - '0');
    }
    for (int i = 1;i <= n;i++)
        for (int j = 1;j <= n;j++){
            if (!vis[i][j]){
                ++cnt;
                vis[i][j] = 1;
                dfs(i,j);
            }
        }
    while (q--){
        int x,y; cin >> x >> y;
        cout << sz[id[x][y]] << endl;
    }
}
```

参 考 文 献

[1] Aditya Bhargava. 算法图解[M]. 袁国忠，译. 北京：人民邮电出版社，2017.
[2] 渡部有隆. 挑战程序设计竞赛[M]. 支鹏浩，译. 北京：人民邮电出版社，2016.
[3] 李煜东. 算法竞赛[M]. 郑州：河南电子音像出版社，2017.
[4] 纪磊. 啊哈！算法[M]. 北京：人民邮电出版社，2014.